2023 年主题出版重点出版物

生态第一课

写给青少年的绿水青山

◎金冬梅　肖　翠　主编
◎崔　雪　岳　蕾　副主编

中国的草

中国地图出版社
·北京·

图书在版编目（CIP）数据

写给青少年的绿水青山．中国的草 / 金冬梅，肖翠主编．-- 北京 ：中国地图出版社，2023.12
(生态第一课)
ISBN 978-7-5204-3746-2

Ⅰ．①写… Ⅱ．①金… ②肖… Ⅲ．①生态环境建设－中国－青少年读物 ②草原生态系统－生态环境建设－中国－青少年读物 Ⅳ．① X321.2-49

中国国家版本馆 CIP 数据核字 (2023) 第 244050 号

SHENGTAI DI-YI KE XIE GEI QINGSHAONIAN DE LYUSHUI QINGSHAN ZHONGGUO DE CAO

生态第一课 · 写给青少年的绿水青山 · 中国的草

出版发行	中国地图出版社	邮政编码	100054
社　　址	北京市西城区白纸坊西街 3 号	网　　址	www.sinomaps.com
电　　话	010-83490076　83495213	经　　销	新华书店
印　　刷	河北环京美印刷有限公司	印　　张	9
成品规格	185 mm × 260 mm		
版　　次	2023 年 12 月第 1 版	印　　次	2023 年 12 月河北第 1 次印刷
定　　价	39.80 元		
书　　号	ISBN 978-7-5204-3746-2		
审 图 号	GS 京（2023）2031 号		

本书中国国界线系按照中国地图出版社 1989 年出版的 1:400 万《中华人民共和国地形图》绘制。

如有印装质量问题，请与我社联系调换。

本书中有个别图片，我们经多方努力仍未能与作者取得联系。烦请作者及时联系我们，以便支付相关费用。

《生态第一课·写给青少年的绿水青山》丛书编委会

《中国的草》编委会

《中国的草》编辑部

策　　划	孙　水
统　　筹	孙　水　李　铮
责任编辑	何　慧
编　　辑	张　瑜　郝文玉　周　际　李　铮
插画绘制	原琳颖　王荷芳
装帧设计	徐　莹　风尚境界
图片提供	林秦文　付其迪　魏　泽　周　繇　王　孜 金冬梅　视觉中国

前言

生态文明建设关乎国家富强，关乎民族复兴，关乎人民幸福。纵观人类发展史和文明演进史，生态兴则文明兴，生态衰则文明衰。党的十八大以来，以习近平同志为核心的党中央以前所未有的力度抓生态文明建设，将生态文明建设纳入中国特色社会主义事业“五位一体”总体布局，建设美丽中国已经成为中国人民心向往之的奋斗目标。生态文明是人民群众共同参与共同建设共同享有的事业，每个人都是生态环境的保护者、建设者、受益者。

生态文明教育是建设人与自然和谐共生的现代化的重要支撑，也是树立和践行社会主义生态文明观的有效助力。其中，加强青少年生态文明教育尤为重要。青少年不仅是中国生态文明建设的生力军，更是建设美丽中国的实践者、推动者。在青少年世界观、人生观和价值观形成的关键时期，只有把生态文明教育做好做实，才能为未来培养具有生态文明价值观和实践能力的建设者和接班人。

为贯彻落实习近平生态文明思想，扎实推进生态文明建设，培养具有生态意识、生态智慧、生态行为的新时代青少年，我们编写了这套《生态第一课 · 写给青少年的绿水青山》丛书。

丛书以“山水林田湖草是生命共同体”的理念为指导，分为 8 册，按照山、水、林、田、湖、草、沙、海的顺序，多维度、全景式地展示我国自然资源要素的分布与变化、特征与原理、开发与利用，介绍我国生态文明建设的历

史和现状、问题和措施、成效和展望，同时阐释这些自然资源要素承载的历史文化及其中所蕴含的生态文明理念，知识丰富，图文并茂，生动有趣，可读性强，能够让青少年深刻领悟到山水林田湖草沙是不可分割的整体，从而有助于青少年将人与自然和谐共生的理念和节约资源、保护环境的意识内化于心，外化于行。

人出生于世间，存于世间，依靠自然而生存，认识自然生态便是人生的第一课。策划出版这套丛书，有助于我们开展生态文明教育，引导青少年在学中行，行中悟，既要懂道理，又要做道理的实践者，将“绿水青山就是金山银山”的理念深植于心，为共同建设美丽中国打下坚实的基础。

这套丛书的编写得到了中国地质科学院地质研究所、中国水利水电科学研究院、中国水资源战略研究会暨全球水伙伴中国委员会、中国科学院植物研究所、农业农村部耕地质量监测保护中心、中国科学院南京地理与湖泊研究所、中国地质大学（武汉）地理与信息工程学院、自然资源部第二海洋研究所等单位的大力支持，在此谨向所有支持和帮助过本套丛书编写的单位、领导和专家表示诚挚的感谢。

本书编委会

图 例

符号	说明	符号	说明
★ 北京	首都		海岸线
	国界		河流
	未定国界		湖泊
	省级界		区域范围线
	特别行政区界		

目录

第一章　本深末茂草文化

第一节　德厚流光草渊源　/ 2
第二节　俯拾即是草之存　/ 10
第三节　世代相传草之籍　/ 18

第二章　葱蔚洇润草天地

第一节　枝分缕解草木辨　/ 26
第二节　井然有序草之道　/ 34
第三节　风吹草低探究竟　/ 43

第三章　生机勃勃草生灵

第一节　百草丰茂绿无垠　/ 54
第二节　万类霜天竞自由　/ 65
第三节　涓埃之微大可为　/ 75

第四章　厚德载物草芳晖

第一节　芳草绿野草生态　/ 84
第二节　物阜民丰草经济　/ 92
第三节　安居乐业草社会　/ 105

第五章　万古常青草富国

第一节　了如指掌草健康　/ 114
第二节　因地制宜草治理　/ 121
第三节　和谐共生草兴盛　/ 129

第一章 本深末茂草文化

草，深植于中华大地，在漫长的历史长河中，早已悄悄地融入人们的生活、融于文化、融进辉煌的中华文明。草不仅形成了广阔的草原，还是人类和动物赖以生存的食物来源；草不仅能成为治病疗伤的良药，还是防寒保暖的材料；草不仅可以用来表达浪漫，还是顽强生命力的体现。春风吹又生的草，“活”在古代诗词里、“活”在词曲歌声中、“活”在书法绘画里……

第一节　德厚流光草渊源

草，是草本植物的总称，分一年生草本植物、二年生草本植物和多年生草本植物。它们普遍具有生命力顽强的特点，年复一年为大地披上绿装，给世界增添生机。作为易得的植物，草在饮食、居住、医疗、文化等方面给人们带来了深远的影响。

人类吃“草”的渊源

有些草本植物可供人们食用，是原始社会人们的主要食物来源之一。其实，当今的许多粮食作物也是草，只不过它们都是经人工驯化后得来的。

很久以前，人们将在野外采集的一些植物的种子撒在土里，慢慢地，这些种子发芽，长成了一株株植物，并且又结了种子。那时的人们想，如果采集这些植物的种子用来种植，待它们长大成熟后，就可以继续采集种子用来充饥和种植了，这样就不用频繁外出到其他地方去采集种子了，而且还可以把多余的种子储存起来，等待需要的时候再利用。

就这样，人们开始不断地摸索什么样的植物适合种植，如何让植物结出更多的种子，如何利用少量的土地种出更多的粮食。在不断摸索的过程中，人们逐步筛选出符合条件的植株，然后继续驯化它们，慢慢地提高它们的产量和品质。将野生植物逐渐培育成可供种植的作物的过程就是对野生植物的驯化过程。产量高、味道好、便于收获和储存，这些需求不断推动着农业向前发展。

粟是中国的重要粮食作物，是由狗尾草驯化而来的。粟去壳后就是小

米。在很长一段时间里，由粟加工而成的小米一直是中国人的主食。因此，粟被誉为“百谷之长”。江山社稷中的“稷”有考订指的也是粟。可见，粟曾在国家粮食安全中扮演过举足轻重的角色。

粟

狗尾草

·信息卡·

早期人类的生产方式主要是采集和狩猎。随着社会生产力的发展，采集和狩猎已经不能满足人们的生产生活需要，人类慢慢尝试种植农作物和饲养动物，农耕和畜牧开始萌芽。

水稻又被称为亚洲栽培稻，起源于野生稻。“一畦春韭绿，十里稻花香。”水稻是现在世界上最重要的粮食作物之一，全球有一半以上的人口以由水稻加工而成的大米为主食。

野生稻

栽培稻

几千年以来，大米一直是中国南方家庭餐桌上的重要主食，人们以大米为原料，制作出各种美食。

米花糖

桂花米糕

米线

肠粉

将野生稻驯化成可以吃的粮食，需要多久呢?

20 世纪 90 年代，中美联合考古队在江西万年县吊桶环遗址发现距今 1.5 万年的野生稻植硅石和距今 1.2 万年的栽培稻植硅石，这说明那时的人们既采集野生稻，也逐步开始驯化栽培稻。浙江省浦江县上山遗址是长江下游发现的迄今为止最早的新石器文化遗址，其最下层文化的年代距今有 11000 ~ 8500 年。在上山文化考古工作中，人们发现了 1 万年前属性明确的栽培稻，还有稻的收割、加工和食用等活动痕迹，形成了较为完整的证据链，这说明当时上山已经存在稻作活动，只是稻的驯化特征不太明显，仍

处于驯化的初级阶段。考古学家在浙江余姚施岙遗址发掘出河姆渡文化和良渚文化的大规模古稻田遗存，年代距今有 6700 ~ 4500 年。其中，良渚文化古稻田中有由凸起田埂组成的“井”字形结构路网，以及由河道、水渠和灌排水口组成的灌溉系统。这说明当时的人们已经掌握了一定的稻种植技术和农耕技术。由此可见，将野生稻驯化成适宜大规模种植的粮食作物的过程持续了近万年之久。

·信息卡·

草在人类饮食方面还有一个隐蔽的影响不容忽视！

作为引燃物，草是人们使用火的好帮手，它间接改变了远古人类的饮食习惯。在远古很长一段时期内，人们一直都吃生食。当时的人们不仅生吃草，而且生吃肉，因为那时的人们还不会用火，所以只能茹毛饮血。后来过了很多年，人们才学会利用火。人类文明发展又向前迈进了一大步。

人们最早使用的火是天然的火，如雷电产生的火、草木自燃产生的火。但是天然的火使用起来很不方便，后来，人们发明了钻木取火。

要想完成钻木取火，只有木头是不够的，还需要一样重要的引燃物——枯草。钻木取火时，将带有尖头的木棒插在凿有小洞木头上，然后在小洞周围放上细软的枯草，有了枯草，人们钻木取火就得心应手多了，进而也让吃熟食成为可能。

草在居住生活方面对人类有什么深远影响？

很久以前，人们就发现草具有韧性，能防水，且容易收集和利用。于是，人们将草割下来后，用于修建房屋、制作草编等。

早期人类过着穴居生活，但天然洞穴毕竟比较少，无法满足日益增长的人口的需要。所以，在自然界中选取材料搭建房屋的行为便出现了。砍几根粗壮的树枝来搭建房屋的骨架，剩下的部分，比如房顶、墙壁等都可以用草来制作。这样，草屋便诞生了。

草屋

不论在古代还是现代，草都能用来制作生活用品。现在市面上售卖的草鞋、草编背篓、草编筐等都是用草编制而成的，它们不仅体现了人的创造力，也体现了人与自然和谐共生的理念。

草鞋

草在医疗方面给人们带来哪些影响？

我国古代劳动人民在生产生活中逐渐认识和了解到，很多植物可用于预防疾病、缓解病痛。于是，各种取材于植物的草药便诞生了。

地黄（植株）

熟地黄（草药）

益母草（植株）

益母草（草药）

拓展阅读 **神农尝百草**

《纲鉴易知录》记载："民有疾病，未知药石，炎帝始味草木之滋，察其寒、温、平、热之性，辨其君、臣、佐、使之义，尝一日而遇七十毒，神而化之，遂作方书以疗民疾，而医道自此始矣。"这段话的意思是上古时期，人们生病了，但并不知道医药这种东西。炎帝（神农氏）开始尝遍百草，以了解不同草的药用功能。他曾经一天之内就尝到了70种有毒的草，而他却神奇地化解了毒素。随后，他就用文字记下这些草的药性，以帮助治疗百姓的疾病。中国传统医学便由此诞生了。

神农尝百草是一则中国古代神话传说，反映了人们认识大自然、了解草木药用价值的基本过程。

草药，作为中国传统医学的重要组成部分，其制作和应用经历了数千年的传承，未曾中断。如今，物理学、化学、生物学的发展也在不断推动着草药研究。一些药草提取物在现代药学技术的支撑下成为治病良药，并被推广到全世界。

青蒿素是近几年广为人知的药草提取物，能够治疗疟疾。然而，发现青蒿素的过程是相当艰辛的。科学家在研究抗疟中药的过程中，受东晋葛洪所著《肘后备急方》中关于治疗疟疾的内容——"青蒿一握，以水二升渍，绞取汁，尽服之"的启发，改进青蒿药用部分的提取方法，经过多次失败后，终于获得抗疟有效单体化合物的结晶——青蒿素。之后，科研团队通过元素分析、光谱测定、X光衍射等技术手段，确定青蒿素的分子式及结构。整个过程持续了多年，很多研究人员运用不同的物理、化学方法参与了这项研究。

青蒿素的发现是中国传统医学献给世界的礼物。

草在文化发展方面也产生影响

草能形成草原，而广阔的草原又孕育了特色鲜明的草原文化。

在很多人看来，草原文化不外乎就是在草原上放牧牲畜、骑马打猎、载歌载舞，从牲畜身上获得生活所需的物质资料等。诚然，这些确实是草原文化的一部分，它们由生活在草原上的人们的行为所体现。那隐藏在这些行为背后的是什么呢？那就是“人与自然和谐相处”的思想。

生活在草原上的人们在长期的生产生活实践中，既形成了与农耕民族迥然不同的生产生活方式，也形成了以崇尚自然、敬畏自然、感恩自然和保护自然为主的意识和习俗，这些意识和习俗是草原文化的重要组成部分。

总体来看，草对人们的影响体现在饮食、居住生活、医疗和文化等多个方面。随着科学技术的发展和文化交流的不断推进，草将继续为人与自然的和谐发展作贡献。

探索与实践

草编技艺是指选取草本植物的秆、皮、芯、叶或根，然后运用不同的编织技法制作生活用品或艺术品。请观察生活中的草编物品，寻找合适的材料，制作一个草编物品。

第二节　俯拾即是草之存

草这类植物俯拾即是，除了种类、数量多，用处也多。在与自然共生的过程中，人们发现草的用途，欣赏草的美，赋予草丰富的内涵。

草是文学作品中的“常客”

在中国浩如烟海的文学作品当中，草的意象比比皆是。无论是诗词歌赋，还是小说杂文，各种体裁的文学作品中都有草的身影。从先秦时期的《诗经》《离骚》到汉代诗作，从唐诗宋词到元曲和明清小说，草是历代文人表达情感的重要载体。

先秦
《诗经》中用采摘荇菜的难度来形容追求佳偶是不容易的事

汉朝
陶渊明在《归园田居》中用“草屋”来表达归隐田园之后的清心淡泊

唐代
“离离原上草”饱含离别的深情；“草色遥看近却无”写出了早春的生机勃勃

宋代
《苏幕遮·草》中，诗人通过雨后青草之美表达思归之情

元代
“忘忧草，含笑花”指出一种境界，作者借此劝朋友不要贪图富贵和功名

明清
曹雪芹在《唐多令·柳絮》中写道：“草木也知愁，韶华竟白头。”表达了对青春易逝的哀怨之情

《诗经》中的《关雎》是一首非常著名的诗歌。这首诗歌里提到的“荇菜”是先秦时期人们采摘食用的一种水生野菜。荇菜会随着水波浮动，采摘起来并不容易。在《关雎》中，作者用“流之”“采之”和“芼之”来描写采摘荇菜的过程，这个过程就好比君子追求女子，从朝思暮想到付诸行动。

荇菜

拓展阅读 《关雎》

关关雎鸠，在河之洲。窈窕淑女，君子好逑。参差荇菜，左右流之。窈窕淑女，寤寐求之。求之不得，寤寐思服。悠哉悠哉，辗转反侧。参差荇菜，左右采之。窈窕淑女，琴瑟友之。参差荇菜，左右芼之。窈窕淑女，钟鼓乐之。

“天涯何处无芳草”这句诗出自宋代大文豪苏轼笔下的《蝶恋花·春景》。这首词描写的是暮春时节的景象。不少人看到春天逝去难免会伤感，何况是一个经历过不少磨难的人。但到了苏轼这里，他用“天涯何处无芳草”表达了豁达与乐观。他尽管一生颠沛流离，历经大起大落，但依然对现实人生充满热爱。

苏轼

拓展阅读 《蝶恋花 · 春景》

花褪残红青杏小，燕子飞时，绿水人家绕。枝上柳绵吹又少。天涯何处无芳草。

墙里秋千墙外道，墙外行人，墙里佳人笑。笑渐不闻声渐悄。多情却被无情恼。

词语、成语中常含“草”字

“草”的异体字写作“艸”，“艸”是象形文字。在《说文解字》（东汉许慎撰，是中国历史上第一部系统分析字形、考究字源的字书，被誉为“中国文字学的奠基之作”，对后世影响很大）中，部首“艹”就写作“艸”，是许多汉字的部首。汉语中含“草”字的词语、成语非常多。常见的含“草”字的名词有草稿、草图、草案等，动词有起草、草拟、草测等，形容词有草率、潦草等；含“草”字的成语有草菅人命、草木皆兵、斩草除根、打草惊蛇、结草衔环等。其中，草菅人命中的“菅”指的也是一种多年生草本植物。

草是书画作品中的经典元素

中国古代的文人雅士在吟诗作画时往往喜欢托物言志、借物抒情，而“草”就是其中的常用物之一。草不仅在文学作品中被广泛使用，还是绘画中的经典元素。它在画面中或为主体，或为陪体，常被作者赋予某种感情或精神。在中国民族绘画中，草元素的使用非常广泛，诸如荷、兰、菊等草本植物的出现频率很高，常被用来表达品行高洁和坚贞不屈的精神。画草，体现了人们对自然的观察和对生活的热爱。

宋代《出水芙蓉图》

宋代《墨兰图》（局部）

草也是一种文字书写形式。作为一种书体，草书传承至今，已经成为一种书法艺术。草书表面上看笔迹潦草，实际上连笔较多，比隶书、楷书、行书等更加简化，在书法艺术方面具有很强的表现力。历代有许多有名的草书佳作流传于后世，如东晋书法家王羲之的《十七帖》、唐代书法家张旭的《古诗四帖》、东汉书法家张芝的《冠军帖》等。草书体现了一种中国人对汉字字体的审美。

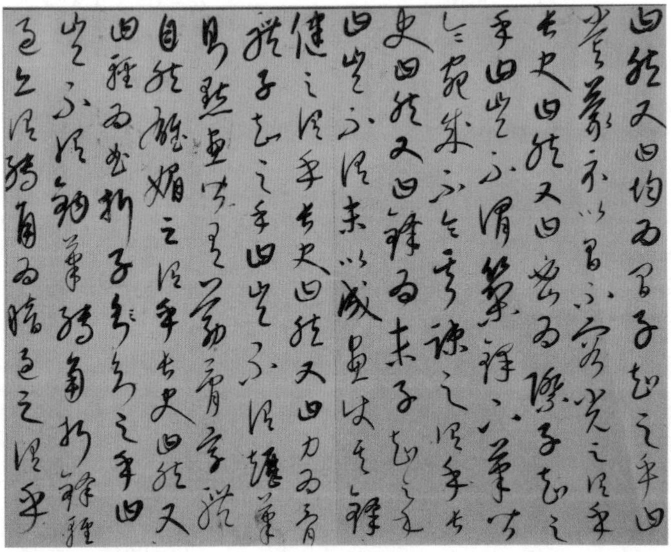

元代康里巎巎的草书《张旭笔法卷》

中华传统技艺——草木染

草在人们的生活中扮演着重要角色。它不仅借助传统民间技艺等方式融入人们的日常生活，影响着人们的审美，还使一些与其有关的传统民间技艺成为国家级非物质文化遗产，如草木染。

草木染也称植物染，是从植物中提取天然染料给织物染色，历史非常悠久。传说在黄帝时期，人们就已经开始使用草木的汁液进行染色。后来随着染料提取和染色工艺的不断发展，人们能染出各种各样的颜色，这一点在一些古代画作中便有充分体现。

《乾隆帝元宵行乐图》

在草木染中，有一种变数最多、难度最大的染色技艺——蓝染。蓝染是一种从蓝草中提取靛蓝（一种染料，也叫靛青）并进行染色的传统染布技艺。中国少数民族白族至今仍沿用蓝染技艺来染布。

蓝草是用以制作靛蓝的多种植物的统称，是我国古代天然染料中的“明星”。《荀子・劝学》中的“青出于蓝，而胜于蓝”中的“蓝”指的就是蓝草，而“青”指的就是从蓝草中提取出的靛蓝。蓝草是我国历史最悠久、使用地域最广的染料植物。《礼记・月令》中有记载:“令民毋艾蓝以染。毋烧灰，毋暴布。”意思是命令百姓不要割蓝草用来染布，不要烧灰，不要晒布。可见，秦汉时期，人们就开始用蓝草取色染布。用以制作靛蓝的蓝草主要有蓼蓝、菘蓝、木蓝等。

用蓝草染出来的布

草木染技艺使得人们可以把自然界中的色彩长久地保存下来，进而让世界变得色彩缤纷。

菘蓝

木蓝

草融进中国传统节日之中

在中国的一些传统节日中，草被用以表达人们对美好生活的祈愿。清明节前后，江南地区的人们会采艾草制作青团。清代文学家袁枚所著《随园食单》中就有关于青团的记载：“捣青草为汁，和粉作糕团，色如碧玉。”

青团

如今，青团已由过去江南人家在清明节吃的特色小吃变成了人们随时都能吃到的食物。并且，现在的青团在制作过程中又加入其他食材调味，不断推陈出新，如笋干菜青团、榴莲青团、抹茶红豆青团等。

端午节前后，人们会采摘艾草或菖蒲挂于家中门上，也会用浸过艾草的水洗手、洁面，还会将有芳香气味的草本植物制作成香囊佩戴在身上，以达到驱虫、防病的目的。

在门上挂艾草

草丰富了人们的日常生活

斗草，又称斗百草，是中国民间以草为比赛对象的竞技游戏，斗法涉及识别花草名，或斗草的数量、韧性等，在古代比较受欢迎。许多古代诗歌和画作中有关于斗草的描绘，如唐代诗人白居易在《观儿戏》中写道：“弄尘复斗草，尽日乐嬉嬉。”清代金廷标的《儿童斗草图》描绘的便是当时孩童们斗草的场景。

《儿童斗草图》

拓展阅读　斗草玩法之“文斗”和“武斗”

斗草玩法中的“文斗”包括竞猜花草名、用草编织器物造型等。竞猜花草名的玩法又可继续细分：一种是参与者各自报出花草的名目，以能准确报出花草名目且数量多者为胜；另一种是参与者一边采集花草一边应对，以掌握花草知识多者为胜。《红楼梦》第62回中就有一段关于“文斗”的精彩描写。

“武斗”是比赛双方各自采摘一根有韧性的草，然后将两根草相互交叉成“十”字状并对折，再用力朝各自的方向拉扯，将对方的草拉断的一方为胜者。“武斗”主要比试参赛双方的力量技巧和草的韧性强弱。

一方面，草广泛存在于自然界，因太过寻常和普遍而容易被人忽视；另一方面，草的坚韧、顽强、美丽被人们所称赞，它广泛存在于文学作品和艺术作品中，也因用途广泛而存在于社会民俗中，我们从中看到了古往今来人们对美好事物的欣赏和对生活的热爱。相信在未来的日子里，在希望的田野中，草将继续生生不息、蓬勃发展。

探索与实践

1. 约上小伙伴一起玩斗草游戏，并了解这些草的名字和特点。

2. 查找有关草木染技艺的资料，尝试用身边易得的植物给旧衣服染色。

第三节　世代相传草之籍

认识事物、了解事物需要过程。关于对事物的认识，每一代人都会在前一代人的经验基础上不断加深、拓展，这样才积累起丰富的经验。人们对草的认识同样也是由一代代人的认识积累起来的；利用草的经验也是在长期的生产生活实践中得来的，然后一代代传承下来。

传承经验的方式有很多种，以文字的形式将经验记录下来并进行传授便是一种非常普遍的经验传承方式。我国古人在传承认识草、利用草的经验的过程中形成了许多典籍，这些典籍中记载了多种草的名称、形态特征、生长环境、食用和药用价值等，显现出古人认识自然、与自然和谐共生的智慧。

我国古代流传至今的记录草的典籍

在浩如烟海的中国古籍中，关于草的著作有许多，而且大部分是记录本草的。本草是中国古代对中药的特称，也指中药学或中药学著作，如《神农本草经》《本草经集注》《新修本草》《海药本草》《经史证类备急本草》《本草纲目》等。

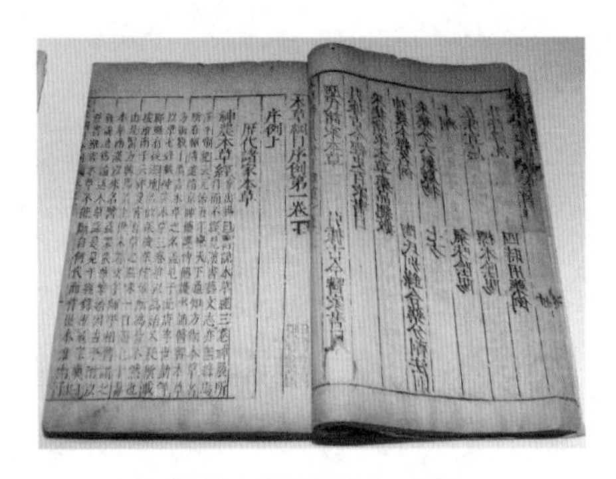

《本草纲目》内页

《本草纲目》中的药用植物图

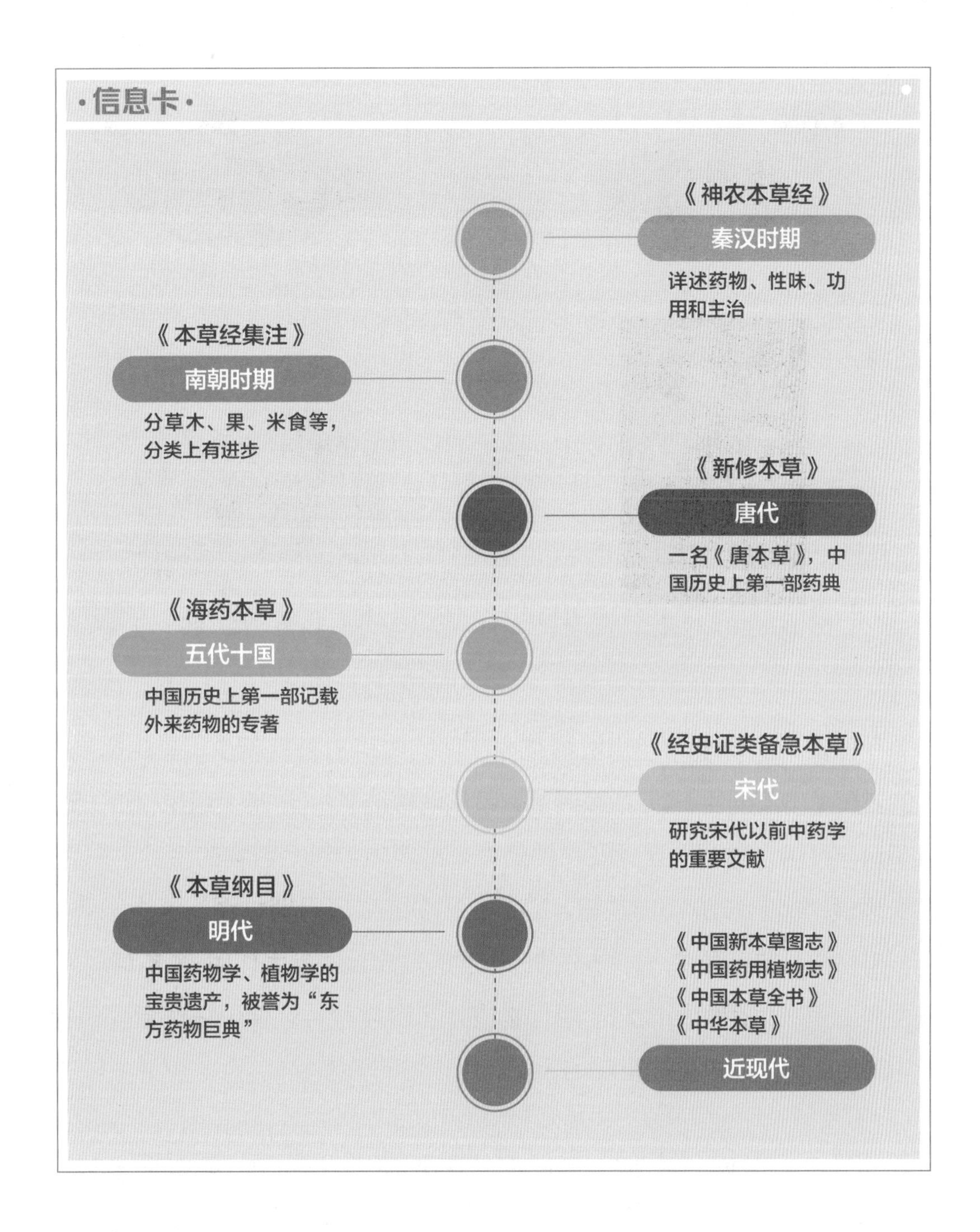

本草古籍中都记录了什么？

我国古人在预防疾病或缓解病痛时通常会使用中药。制作中药的材料主要包括植物、动物和矿物等。

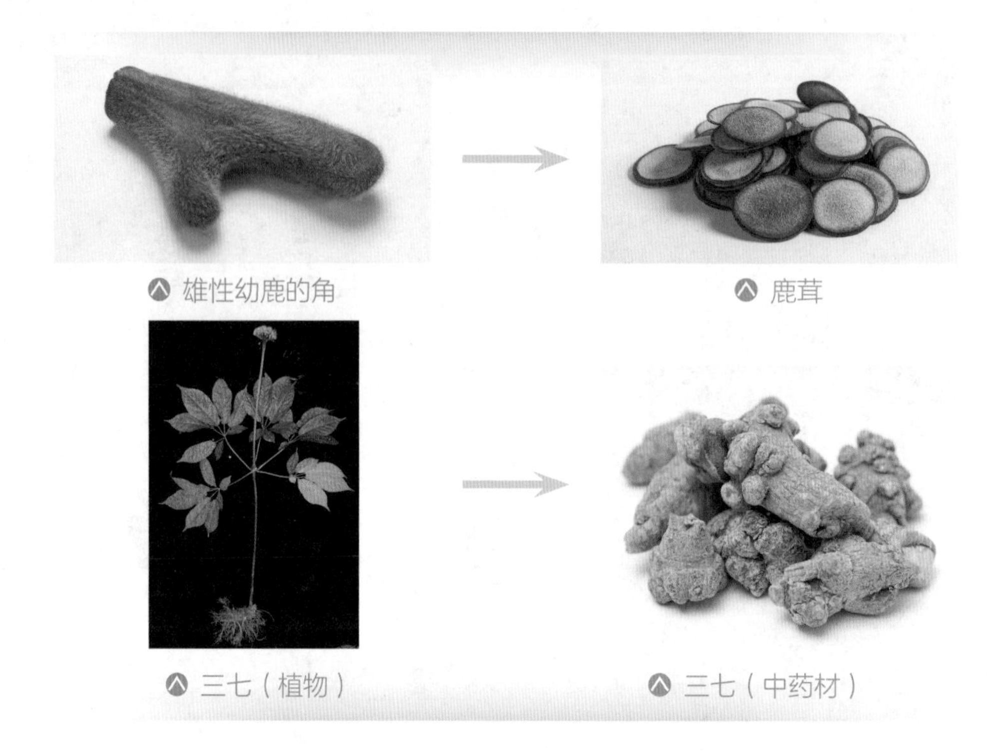
雄性幼鹿的角　鹿茸
三七（植物）　三七（中药材）

我国古代流传至今且仍发挥重要作用的本草古籍有不少，其中影响最大的当属《本草纲目》。《本草纲目》系统地总结了中国 16 世纪以前的药物学知识与经验，共记录了 1892 种药物，主要内容包括药物的名称、形态、生长环境、炮制方法和功效等，以及 1100 余幅药用植物图，是中国药物学、植物学等的宝贵遗产，对中国药物学的发展起着重大作用。《本草纲目》在世界上首次采用纲目体对药用植物进行了科学分类，便于快速查找药物；书中的药图可以让人更加直观地了解药用植物的形态等。

拓展阅读　李时珍与《本草纲目》

李时珍画像

我国古人通过对中药及其药效的不断探索，积累了大量的用药经验，他们将这些经验记录下来，传于后世。《本草纲目》便是这样一本著作，它是由明代医药学家李时珍在其弟子的协助下历时 26 年左右撰述而成的。

将时间拉回到 1540 年（明嘉靖十九年）。时年 23 岁的李时珍连续 3 次参加乡试，均落第而归。之后，李时珍重新承师苦读。他阅读各种书籍，受其父亲的影响，尤喜钻研医籍，这为他日后从医打下了坚实的基础。

李时珍非常善于观察、思考和学习。在平日父亲诊治病人的过程中，李时珍跟着父亲学习遣方用药和辨证论治，并协助父亲诊治病人。深厚的医药理论功底加上大量的诊治经验及父亲的悉心传授，李时珍的医术水平在日积月累的实践中大长，继而声名远播。

然而，在长期的医疗实践中，李时珍发现前人撰述的本草典籍中有许多问题，这些问题会给疾病诊治带来危害。所以，李时珍打算纠正这些问题，并决心对已有本草典籍进行一次整理、修订和增补。

1552 年（明嘉靖三十一年），李时珍开始集中精力撰述《本草纲目》。他查阅和收集大量的文献资料，不断考察和研究药物。为解决撰述过程中遇到的疑难并获得第一手资料，李时珍背起行囊，带着徒弟庞宪一边行医一边实地采集药草进行研究和记录。他们翻山越岭，长途跋涉到各地寻觅生药，几乎走遍了大江南北。

1578 年（明万历六年），李时珍终于撰成《本草纲目》。这部书几乎耗尽了李时珍毕生的精力，不仅凝聚着李时珍的全部心血，还浸透着他的子孙和学生的汗水。世界著名生物学家达尔文曾赞誉《本草纲目》是古代中国的百科全书。

草都是被作为药物记录在本草类著作中的吗？

人们对草的认识并不限于其外观、生长环境和药用价值。在古代，当农业生产受到影响时，采集野菜充饥是人们获取食物的好方法。此时，草的

食用价值得到了非常好的体现。中国最早的诗歌总集《诗经》中就记录了很多人们采摘野菜的情景，如“采薇采薇，薇亦作止”“参差荇菜，左右流之”“采苦采苦，首阳之下”等。诗句中的“薇”指的是巢菜，其嫩茎和叶可做蔬菜；“荇菜”是一种多年生草本植物，茎可供食用；“苦”指的是苦菜。由此看来，还有一些草被作为野菜记录了下来。《救荒本草》就是我国古代一本记录可食野生植物的书，书中共记载了 414 种可食野生植物，每种植物都配有插图，并附有其产地、形态、性味、可食部分及食用方法等说明文字。可以说，《救荒本草》是一本实用的野菜识别、食用手册。

《救荒本草》中关于苋菜的记载：“《本草》有苋实，一名马苋，一名莫实。细苋亦同，一名人苋。幽蓟间讹呼为人杏菜。生淮阳川泽及田中，今处处有之。苗高一二尺，茎有线棱，叶如小蓝叶而大，有赤白二色。家者茂盛而大，野者细小叶薄。味甘，性寒无毒。不可与鳖肉同食，生鳖瘕。采苗叶炸熟，水淘洗净，油盐调食。晒干炸食亦可。”

苋菜

知识速递

《救荒本草》的名称里为什么有“救荒”二字？

明太祖朱元璋的第五子朱橚看到百姓在旱涝之年面临饥荒，深感忧伤。于是，他决定写一本介绍可食用野生植物的书，作为百姓遇饥荒之年时的充饥指南。他搜集草木野菜 400 余种，将它们栽种到自己的园圃里并亲自观察研究，然后选择了其中 414 种可食用的野生植物进行详细记录，最终完成了《救荒本草》这本书。

《救荒本草》中记录的不少野菜至今还是人们餐桌上的美味，如马兰头、鱼腥草等。如今，每到春天，我们都会看到一些人一手持小铲，一手拎小筐，蹲在田间地头挖野菜，荠菜、苦苣、马齿苋、蒲公英等深受欢迎。对于现在的人们来说，挖野菜吃不再是为了充饥，而是为了品尝到春菜的第一口鲜嫩，顺便在这个过程中亲近自然，收获乐趣。

有些记录了草的古籍中还记载着当时一些比较先进的农业技术，如晋朝嵇含所著的《南方草木状》。这本书是我国现存最早的植物志，它把我国南方的主要植物分属草、木、果、竹四大类，推动植物学研究向前跨了一大步。全书分为 3 卷，上卷记甘蕉（芭蕉）、菖蒲、蕹菜（空心菜）等草类 29 种，中卷记木类 28 种，下卷记果类 17 种和竹类 6 种。书中的“南人编苇为筏，作小孔，浮于水上。种子于水中，则如萍根浮水面。及长茎叶，皆出于苇筏孔子，随水上下，南方之奇蔬也”描述便是种植空心菜的方法，也是世界上最早记录的水培蔬菜法。书中还记载了利用黄猄蚁防治柑橘虫害的经验，是我国最早记录的生物防治方法。

空心菜

还有哪些记录草的典籍流传下来了呢？

草本植物除了可以作为药物和食物，还具有观赏价值。艳丽如霞的大丽花，姹紫嫣红的芍药，千姿百态的菊花，清新淡雅的春兰，冰清玉洁的莲……这些草本植物从古至今为人们所喜爱和歌颂。我国栽培花草的历史悠久，人们不仅欣赏草本植物的美，还研究它们的品种、特点和栽培方法，并用文字和图将它们描绘下来，留下了许多记录花草栽培的书，如宋代的《淮扬芍药谱》《金漳兰谱》《菊谱》，明代的《群芳谱》，清代的《花镜》等。有些花谱不仅记录了花草的品种和培育方法，还记录了当时人们爱花、赏花的风俗。

《植物名实图考》也是一本有趣的植物学著作，它是由清代植物学家吴其濬在《植物名实图考长编》基础上，根据自己历年在各地任职期间，对当地植物所见所闻予以记录，同时参考历代重要的本草典籍、方书、地方志、杂著等文献编撰而成的。《植物名实图考》共 38 卷，收载植物 1714 种，分为谷类、蔬类、山草、隰草、石草、水草、蔓草、芳草、毒草、果类、木类和群芳类，其中所载植物大多根据著者亲自观察和访问所得，除记载其形色、性味、产地、用途等，还附有精美手绘图。《植物名实图考》对于植物的药用价值及同物异名或同名异物的考订进行了详尽的阐述，为研究中国植物提供了重要的参考依据。

世代相传的草之籍，记录了我国古人对草的认识和利用经验，是我国古人智慧的结晶，也是中华文明发展的重要“见证者”。

探索与实践

观察你生活的城市（社区）中生长的草本植物，尝试按照科学的植物分类方法，绘制一份城市（社区）草本植物名册。

第二章 葱蔚洇润草天地

草，经历了地球的沧海桑田，扎根于寒冷的高山、干旱的荒漠、湿润的沼泽中，在大地上播撒出片片绿意。它虽不像树那样高大挺拔，却有着极其顽强的生命力，连野火都烧不尽它。它参与形成的草原生态系统更是庇护着无数生灵。

第一节　枝分缕解草木辨

分辨一种植物是“草”还是“木”似乎很容易，但其实这里面的学问可深着呢！有的木比草还矮小，有的草却像我们常见的树木一样高大。有人认为竹子是草，有人认为芭蕉是木……其实，要想弄清楚一种植物属于“草”还是“木”，需要了解其茎的特点和植株的生长周期、形态和生长习性等。

辨别草木的经验有哪些?

草和木分别是人们对草本植物和木本植物的通俗叫法，其中，木本植物又可以简称为“树”。草本植物通常比较矮小，其茎秆柔软，多呈中空状，且不能逐年加粗，无法形成年轮。木本植物通常比较高大，其茎秆坚硬，多为实心状，且能逐年加粗，许多木本植物的茎秆可形成年轮。许多草本植物的生命周期很短，在一年或两年内便能完成从种子萌发到植株死亡的完整生命过程的，称为一年生草本植物（如玉米、向日葵等）或二年生草本植物（如月见草）。有的草本植物能生长多年，被称为多年生草本植物（如薄荷、莲等）。而所有的木本植物都是多年生的，一般能存活几十年到上百年，有

向日葵

月见草

莲

名字中带“草”字的植物都是草吗?

草莓、鸭跖草、含羞草……尽管很多植物的名字中都带“草”字，但它们并不一定都是草本植物。例如，含羞草属中有一种名叫“光荚含羞草”的植物，这种植物虽然名字里带“草”字，但实际上是一种落叶灌木，只不过长得比较矮小罢了。

光荚含羞草

的甚至能存活上千年。此外，有些多年生草本植物在冬天来临时地上部分会死亡，到第二年春天时地上部分重新长出，但木本植物不具有这个特点。

矮小的植物就是草吗?

“天街小雨润如酥，草色遥看近却无。”草，常常与大地紧紧相依，能最先感知到春天的到来。草通常给人“身材矮小”的感觉，因此，人们把草亲切地称为“小草”。那么，矮小的植物一定是草吗？答案是否定的。

北极花

在黑龙江、吉林等地的高山上，生长着一种叫作“北极花”的植物，它们成年后的高

度不超过 10 厘米，连狗尾草对它们来说都算大高个儿。北极花又被称为“林奈木”，这个别称是以 18 世纪瑞典博物学家林奈的名字命名的。北极花是一种匍匐生长的小灌木，它虽然长得没有一般的树高大，却是货真价实的木本植物。

说到身材矮小，有一类植物被喻为“植物王国的小矮人”，它们的“身高”通常只有几厘米，这就是苔藓植物。“苔痕上阶绿，草色入帘青。”苔藓植物大多呈翠绿色，喜欢贴着潮湿的地面、墙壁等处生长，远远看去就像一块微型草坪，但其实它们不属于草本植物，没有真正的根和茎。

苔藓植物

知识速递

蒲公英有没有茎？它是草吗？

我们经常会在草地上看到叶片贴着地面生长的蒲公英，它看上去似乎没有茎。但其实它的茎非常短小，通常被埋在土里，只是表面上看不到而已。蒲公英是多年生草本植物，含白色乳汁，全草可入药，有清热解毒的功效。

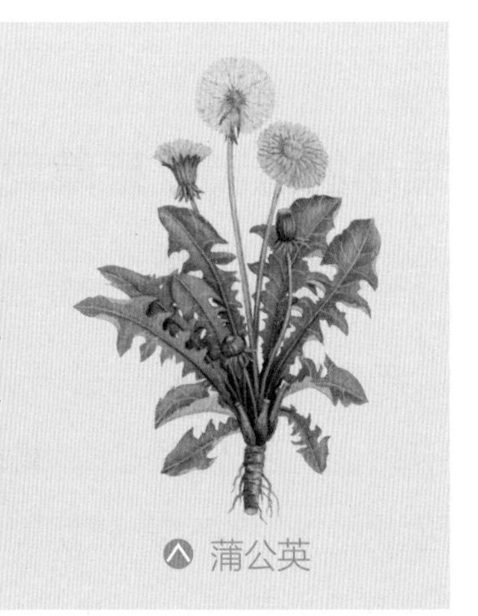
蒲公英

茎柔软的植物就是草吗？

“轻风翻麦浪，细雨落花天。”“墙头草，两边倒。”一种是经过漫长的培育，被人类驯化的草——小麦，另一种是墙头或路边的野草，两者有一个

麦田

相同点，那就是茎秆柔软而富有韧性，这使得它们可以随风晃动而不易被折断。也正是利用这一特点，人们因地制宜，因材施艺，创造出了草编技艺，将草编织成集实用性和艺术性于一体的器具。

下面要介绍的这种植物也具有柔软的茎，但它并不是草本植物，而是木本植物，这就是结香。结香的茎通常比筷子略粗，非常柔韧，即使被打了结也不会折断，还可以继续生长。因此，结香又名“打结花”。人们如果在公园里看到一种枝条被打了结的、开绒球状黄色小花的小灌木，那这十有八九就是结香。虽然许多种草的茎柔软而富有韧性，但并不是所有的草都能禁得住“打结”的考验，而能禁得住这种考验的树就更少了。可见，结香算是比较神奇的木本植物了。

结香

竹子是草还是木?

我国竹子资源丰富，主要分布于长江流域及华南、西南等地。竹子有很多用途，秆可作建筑材料，也可作造纸原料，还可用来编织成各种器具。竹子的嫩芽——竹笋，常常被人们当作鲜美蔬菜食用。有些竹子可成为庭院观赏植物。“宁可食无肉，不可居无竹”便体现了我国古人对雅致生活的追求和对竹子的喜爱。那么，竹子是草还是木呢？先来看看古人是怎么描述的。

晋代戴凯之专门写了一本名叫《竹谱》的书，书中开篇这样写道:“植类之中，有物曰竹，不刚不柔，非草非木。”戴凯之认为，竹子有硬度，但其硬度没有树那么强；竹子有柔韧性，但其柔韧性又没有草那么好。所以竹子是一种有别于草木的植物。

在现代，一些人认为竹子应被归类为“大型草”，理由是它们的茎秆是中空的，而且无法逐年加粗。还有一些人则认为竹子属于木本植物，因为它们能长得很高，并且茎秆非常结实。到底哪种说法更有道理呢?

对于竹子这类植物而言，在运用经验分辨其是草还是木时，会发现其既不完全符合草的特征，也不完全符合木的特征，应了“非草非木”的说法。不过，植物学家在研究了世界各地不同种类的竹子后发现，它们可以分成两大“阵营”，即植株矮小、茎秆柔软、木质化程度低的“草本竹”和植株高大、茎秆坚硬、木质化程度高的“木本竹”。那么，是不是可以下结论说竹子“家族”中既有属草本植物的竹子，也有属木本植物的竹子呢？要准确回答这个问题，需要使用分辨草木的“绝招”——判断茎的性质。草与木的本质区别体现在茎上，草具有草质茎，而木具有木质茎。

草质茎与木质茎有什么不同？

草质茎一般只有初生结构（由根尖或茎尖顶端分生组织产生的结构，包括表皮、皮层和维管柱），没有或只有极少量的木质化组织。木质茎有发达的次生结构（由根或茎的维管形成层和木栓形成层产生的结构。包括次生木质部、次生韧皮部和周皮等），能够形成较多的木质化组织。木质化组织质地坚硬，对植物起支撑作用。所以，通常草质茎要比木质茎柔软。

尽管有的竹子能长到几十米高，茎秆也非常坚硬，但它也只有初生结构。因此，即使是木本竹，充其量也只是大型的草。

常见的木本竹——毛竹

香蕉树为什么是草而不是木?

我们常吃的水果当中，很多都是树上结的果实，如苹果、桃、柑橘、梨等，所以很多人会想当然地认为香蕉也是“香蕉树”上结的果实。那么，“香蕉树”和苹果树、桃树、柑橘树、梨树等一样，是木本植物吗？答案是否定的。

香蕉其实是一种多年生草本植物。这似乎有些不可思议，因为“香蕉树”不仅高大，还有一根直立的粗壮“树干”。然而，分辨香蕉是草还是木的关键就藏在这“树干”里。如果把“香蕉树”的“树干”横向剖开，会发现横剖面层层分明。这是因为香蕉的“树干”主要是由叶柄基部扩大形成的叶鞘层层紧密包裹而成，通常被称为“假茎”，它与真正的树干截然不同。在香蕉将要开花时，假茎的中心会长出一段真正的茎。待花谢结果时，这段茎就变成了果轴，而香蕉的果实就是结在果轴上的。香蕉成熟后，其植株的地上部分便会枯死，而一段时间后，新的地上部分会重新萌出，如此周而复始。因此，香蕉植株也是一种大型的草。

香蕉林

辣椒真的能长成树吗?

辣椒是日常餐桌上比较常见的一类蔬菜。见过辣椒植株的人都知道，辣椒植株通常只有几十厘米高。但是，曾有新闻报道说“××家的辣椒长成了树”，这是真的吗?

辣椒

其实，辣椒是“草”还是“木”得分情况。野生辣椒包含多个物种，且都是灌木。现在市面上的辣椒并不是由同一种野生辣椒驯化而来的，而且其中有的属草本，有的属灌木。世界上栽培最广泛、产量最大的辣椒是一年生辣椒。由于受到长期栽培驯化，一年生辣椒已经无法形成木质茎，成为一年生草本植物，如牛角椒、线椒、柿子椒等。而灌木辣椒则不同，只要条件合适，它们就可以长成树，只不过植株比较矮小。常见的小米辣、涮涮辣等辣椒就属于灌木辣椒。

俗话说:“江山易改，本性难移。”这句话用来形容植物似乎也是合适的。但是，读了上面的内容后我们知道，对于某些植物而言，只要生长条件合适，其“本性”是会发生改变的。

通过对“草”与“木”进行辨别可以发现，它们两者之间并没有明确界限。实际上，对植物来说，是草还是木并不重要，重要的是根据环境条件做出相应的改变，以便更好地存活下来。

第二节　井然有序草之道

老子在《道德经》中指出："人法地，地法天，天法道，道法自然。"这句话的意思是人们根据大地四时变换的规律生活劳作、繁衍生息；大地的四时变换是根据寒暑交替的季节变化规律进行的；季节变化是受"大道"——宇宙中的客观规律影响的；而宇宙中的所有事物和现象都是客观自然规律支配的结果，它不以人的意志为转移。自然界万事万物的发展都必须遵循客观规律，这就是所谓的"道"。草原是一个完整的生态系统，它的运作同样遵循自然规律，这便是"草之道"。"草之道"主导着草原的发展和变化，使草原生态系统井然有序。

种草能得到草原吗？

人们常说"植树造林"，在一片土地上种一些树，一段时间后便会形成一片树林。同理，是不是种草就能得到一片草原呢？

植树

要回答这个问题，首先得弄清楚什么是草原。

“草原”一词经常出现在人们日常的所见所闻中。从词意来看，草原是对“长满草的大片原野”的简称，它充满野性与自然形成的意味。但是，在不同学科中，草原的概念又有所不同。植被学家说：“草原是一块天然的植物群落，那里生活着很多耐旱的多年生草本植物。”农学家说：“草原上生长着大量牧草，是适合放牧的好地方。”生态学家说：“草原是一个生机勃勃的生态系统。”

一般情况下，草原被简单理解为一种主要由耐旱的多年生草本植物构成的自然地理景观。从这个角度来讲，“种草”这种人工行为显然无法形成自然地理景观。

“草原”一词除了出现在日常所见所闻和科学研究中，还会出现在法律领域中。《中华人民共和国草原法》规定：“草原包括天然草原和人工草地。”天然草原包括草山、草坡及疏林草地、灌丛草地等不同类型的草地，其中的植物群落是天然形成的。人工草地是在天然植物群落遭到破坏后，通过人工耕作方法建立起新的植物群落，从而形成的改良草地或退耕还草地等，不包括城镇草坪。这样看来，种草是能得到草原的。

美丽的天然草原

“草原”和“草地”有什么异同?

草原与草地是多个学科和部门广泛使用的名词术语，但因不同领域的使用者对其内涵的界定不同，所以造成使用过程中的分歧、交叉、重叠等诸多问题。关于草原与草地的区别，根据国际农学和植被学定义，以及中国农学和法律的定义，草原与草地是可以交换使用的同义词，二者之间的细微差别是草原多泛指大面积和大范围的天然草地，草地隐含人工管理的意味。草原与草地的内涵具有趋同性，也正是这个原因造成国内科技文献、政府文件、课程体系等诸多方面存在二词混用的现象，如“草原管理”可以说成是“草地管理”，“草原保护”可以说成是“草地保护”，“草原恢复”也可以说成是“草地恢复”但是，如果二者完全互换或混用，可能会造成理解上的歧义，如“草原文化”就不适合用“草地文化”代替。因此，“草原”与“草地”能否互换，需要界定使用时的语境或条件。

同一片草原，古时长的草和现在长的草一样吗？

人们常说“物以类聚，人以群分”，植物也是如此。草原可以说是草本植物的“大本营”，在这里，不同种类的草本植物喜欢“扎堆”在一起并有规律地进行组合，形成草原植物群落。例如，在内蒙古的荒漠草原上，冷蒿这种植物就喜欢和短花针茅、无芒隐子草聚集在一起生长。

植物群落就像人类社会中的聚落一样，处在不断发展变化之中。可以这样打比方，比如有一个村子叫“赵家村”，村子里居民的姓氏以赵姓居多，但随着时间的推移，一些客观原因使得村子里的赵姓居民数量逐渐减少。慢慢地，村子里的李姓居民变得多了起来，最终李姓取代赵姓成为村子里的主要姓氏。对于草原植物群落来说，随着某一种或几种植物的数量发生变化，已形成的植物群落也会发生变化。在这个过程中，新的植物群落可能产生并取代原来的植物群落，这个过程就叫作草原植物群落演替。

从古至今，气候、土壤、水分、人类活动等因素都可能导致草原上的

植被构成发生变化。因此，即使是同一片草原，古时长的草与现在长的草也会不一样。

草原的形成与类型

古地理学研究表明，中国的草原大约形成于 7000 万年前。那时，在地壳运动和气候逐渐干旱、寒冷的共同作用下，地球上的森林面积逐渐减小，耐旱的草本植物不断发展壮大，从而形成了大面积的草原景观。

在典型草原上生活的植物“居民”通常是比较耐旱的草本植物。然而，当它们生存所依赖的土壤、水分、气候等条件发生变化时，有的植物会因无法适应改变后的环境而无法生存。例如，当地下水变多时，草原土壤会变得比较湿润。这时，耐旱或比较耐旱的植物就会难以生存，取而代之的是耐湿润或比较耐湿润的植物。这样，先前的典型草原就会慢慢变成草甸草原。反之，如果地下水变少了，超耐旱的植物便能很好地适应新的环境条件，因而数量就会越来越多，久而久之，先前的典型草原就会慢慢变成荒漠草原。

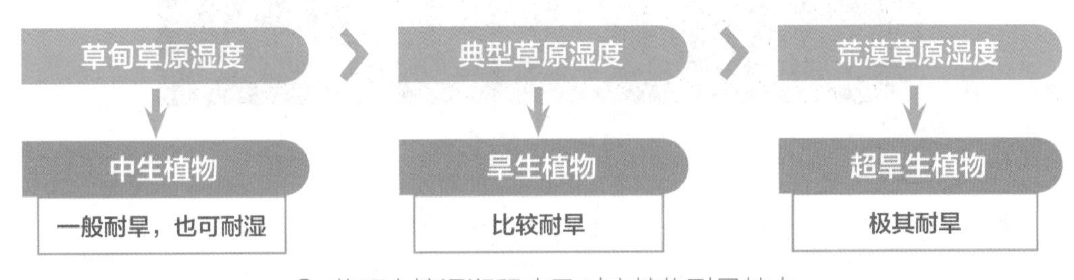

草原土壤湿润程度及对应植物耐旱特点

中生植物拟鼻花马先蒿

旱生植物大针茅

超旱生植物沙生针茅

拟鼻花马先蒿草甸草原

大针茅草原

沙生针茅荒漠草原

草原生态系统和生态鱼缸有什么相似之处?

前面说过，草原是一个完整的生态系统，它的运作同样遵循自然规律。那么，何为草原生态系统呢?

在了解草原生态系统前，我们先来了解一下生态系统的概念。生态系统是指在一定空间和时间范围内，生物（植物、动物和微生物）与非生物环境之间，通过能量流动、物质循环和信息传递而形成的相互作用、相互依存的统一整体。生态系统是一个广义的概念，任何生物群体与其所处的环境组成的统一体都可成为一个生态系统。生态系统可大可小，小至一个生态鱼缸，大至一片草地、一个湖泊或一片森林，甚至整个生物圈。在一个健康的生态系统中，死亡的个体会被新生的个体所取代，各种废物会被分解后重新利用，整个生态系统能够进行自我更新、自我维持。

以生态鱼缸为例：鱼缸中有水草泥、多种水生植物、食性不同的鱼、浮游动物和微生物。浮游动物以水生植物为食，鱼类则以水生植物和浮游动物等为食。在微生物的参与下，鱼的粪便和死亡的水生生物被分解成二氧化碳、氮、磷等基本物质，而这些物质又是水生植物生长所需的基本营养物。微生物在分解过程中要消耗水中的氧，而水中的氧又可通过水生植物进行光合作用来补充。鱼儿自由自在地游动，水生植物生机勃勃地生长，鱼缸中的各种生物之间、生物与环境之间相互联系、相互制约，构成了一个处于相对稳定状态的生态系统，这样便可达到几周甚至几个月不换水，鱼缸里的生物仍然生存良好。

了解了生态系统的概念后，现在让我们再来了解草原生态系统。草原生态系统就是以各种多年生草本植物占优势的生物群落与其环境构成的功能综合体。它相当于一个大型的生态鱼缸，草原上的植物相当于生态鱼缸中的水生植物，草原上的动物相当于生态鱼缸中的动物，草原上的阳光相当于生态鱼缸中的人工光源，草原上的土壤相当于生态鱼缸中的水草泥。不过，草

生态鱼缸

原生态系统要比生态鱼缸复杂很多。因为组成草原生态系统的生物种类和数量要比生态鱼缸中的丰富得多，而且草原的无机环境更复杂，发生在其中的能量流动、物质循环和信息传递过程也更复杂。一个健康的草原生态系统不需要任何人为干预，便能长期保持着勃勃生机。

主导草原生态系统有序运作的“道”是什么？

对于生活在同一个生态系统中的动物来说，竞争是一件极其普遍的事，因为动物们生存所需要的食物、水源、居住场所等资源可能会重叠，尤其是当某些资源比较稀缺时，这种生存竞争会变得更加激烈。在健康的草原生态系统中，不同的动物之间除了有捕食和被捕食的关系，也有相对和平共处的关系，这都是经长期自然演化后的结果，并且在这个漫长的过程中，不同动物在生态系统中拥有了各自的“位置”，这个位置就是“生态位”。生态位适用于生态系统中的所有生物，通常包括空间、时间和营养三个维度。

天上的飞鸟，地上的走兽，水里的游鱼……各种各样的动物生活在不同的空间，这是因为它们对空间生态位有不同的选择。同样是猛禽，草原雕和雕鸮的“作息时间”却完全不同。草原雕在白天捕猎，晚上休息；而雕鸮则在白天休息，晚上捕猎。二者即使生活在同一片草原，也不会互相干扰，这是由于它们的时间生态位没有重叠。虽然草原上生活着很多食草动物，但不同动物吃的草也是有区别的，这就体现了它们所处的营养生态位的不同。在甘肃省甘南藏族自治州的草甸草原上，高原鼠兔、高原鼢鼠和喜马拉雅旱獭3种啮齿动物的生活区域会发生重叠。高原鼠兔偏爱吃禾本科植物，高原鼢鼠则对珠芽蓼、鹅绒委陵菜等杂类草更青睐，喜马拉雅旱獭主要采食禾本科和菊科植物。营养生态位的不同是它们能够在同一个区域生活的重要原因。

生态位不仅适用于描述不同种类的动物之间的关系，还适用于描述不同种类的植物、不同种类的微生物，以及植物、动物与微生物之间的关系。在草原生态系统中，生态位就像一种“引导”草原上的各种生物“各司其职”的隐形力量，使得草原上的生物资源得以高效分配。再加上传递能量的食物链，这样，复杂的草原生态系统才能够井然有序地运作。

食物链

“大鱼吃小鱼，小鱼吃小虾，小虾吃泥球。”这句俗语描述的就是一条简易食物链。在生态系统中，各种生物彼此之间通过摄食的关系构成一条条链条，我们将其形象地称为食物链。例如，在草原生态系统中，草本植物通过光合作用为自己和其他生物提供能量和营养物质，成为食物链的第一营养级；野兔、绵羊等食草动物则通过食用草本植物获得营养物质，成为食物链的第二营养级；狼、狐狸、蛇等食肉动物则通过捕食野兔等食草动物获得营养物质，成为食物链的第三营养级。

食物链反映了自然规律，每条食物链都包含若干环节，物质和能量通过食物链在不同生物之间进行流动和传递。

食物链示意图

食物链对于维持生态系统的稳定具有重要作用。以草原生态系统中的“草—兔子—鹰”这条食物链为例，鹰是兔子的天敌，对控制兔子的数量起着重要作用。如果没有鹰，兔子的数量就会失去控制，从而消耗大量的草，久而久之，势必会导致草地退化，整个草原生态系统就会出现问题，甚至濒临崩溃。但是，作为食物链的第三营养级，鹰的数量也不能太多，否则就会出现“僧多粥少”的情况，缺少足够食物的鹰就会饿死，进而引发其他生态问题。在一个健康的草原生态系统中，兔子的数量一般远远多于鹰的数量。

鹰捕兔

在草原生态系统中，各个物种在漫长的共存过程中都找到了自己的生态位，在食物链这条“隐形自然规则”的约束下，各个物种相互制约，从而使草原生态系统生机勃勃。

试着制作一个小型生态鱼缸，写出运用了哪些材料；画出这个生态鱼缸的食物链，并观察和记录生态鱼缸的变化。

第三节　风吹草低探究竟

“天苍苍，野茫茫，风吹草低见牛羊。”北朝民歌《敕勒歌》描绘了一幅水草丰茂、羊肥牛壮的草原景象，这也是大部分人心目中理想的草原景色。我国草原是世界上最大的草原——欧亚大草原的重要组成部分，独特的地质条件和复杂的水热环境等造就了干旱的典型草原、湿润的草甸草原、极干的荒漠草原，以及独特的高寒草原等，每种草原都有各自的特点和功能，值得我们去一探究竟。

中国草原是怎么分布的？

我国是草原大国，约 40% 的国土面积为草原，草原面积仅次于澳大利亚，居世界第二位。我国的草原虽面积很大，但分布不均匀。东北、西北和青藏高原地区是我国草原的主要分布区，南方地区则以草山草坡分布为主，它们共同形成了北方温带草原、青藏高寒草原、南方草山草坡的基本格局。

我国的草原自东北的松嫩平原起，经内蒙古高原、黄土高原，直达青藏高原南缘。在这块广袤的绿毯上，我国的六大草原牧区得以形成和发展，它们分别是内蒙古牧区、新疆牧区、西藏牧区、青海牧区、甘肃牧区和川西北牧区。

我国南方地区存在着大片的草山草坡和林间草地，这些区域主要分布在长江流域以南的地区，包括云南（迪庆藏族自治州除外）、贵州、湖南、湖北、浙江、福建、台湾、广东、海南、广西等在内的各类山丘草场。南方地区的草山草坡虽没有北方草原的平坦开阔，却灵动秀美。

内蒙古牧区风光

湖南邵阳的南山草原

中国草原分几类?

分类是研究和管理中的一种常用方法。对草原进行科学的分类，可以方便人们更好地认识草原，并为草原的研究、利用和保护等提供科学依据。对草原进行分类时，分类依据的不同也会导致分类结果的不同。

草原的分类方法有多种，我国常采用全国草地资源普查的分类原则，将草原划分为 18 个类别。这些类别包括温性草甸草原类、温性草原类、温性荒漠草原类、高寒草甸草原类、高寒草原类、高寒荒漠草原类、温性草原化荒漠类、温性荒漠类、高寒荒漠类、暖性草丛类、暖性灌草丛类、热性草丛类、热性灌草丛类、干热稀树灌草丛类、低地草甸类、山地草甸类、高寒草甸类和沼泽类。

草原的分类方法也在随着时代的发展而发生变化。在我国生态文明建设背景下，有学者提出新的草原分类方法，如以“植被类型”为划分依据，将全国的草原划分为草原、草甸、荒漠、灌草丛、稀树草原、人工草地 6 类。需要注意的是，无论是分为 18 类还是 6 类，这些类别都不是草原分类的最小单元，在实际中，人们会根据情况进行细分。

在内蒙古自治区锡林郭勒盟，以大针茅为主的植物群落构成了内蒙古高原上最具代表性的草原——大针茅草原。大针茅是一种优良牧草，其开花前受到各种家畜的喜爱。大针茅草原上还生长着羊草、糙隐子草、冷蒿等其他牧草，它们与大针茅一样，都是优良牧草，与大针茅共同构成理想的天然牧场。

大针茅草原

我国内蒙古自治区东北部的呼伦贝尔市有我国面积最大的草甸类型草原——呼伦贝尔草原。这里拥有品质优良的牧草，土壤湿润而肥沃，蜿蜒的河流和清澈的湖泊镶嵌其中，春夏秋三季花开不断，被誉为“中国最美天然草原”。

呼伦贝尔草原

荒漠类型草原主要分布在极其干旱的地区，植被以超旱生草本植物为主，并伴有一定数量的灌木及乔木。在某些情况下灌木更占优势。

我国新疆维吾尔自治区的准噶尔盆地有大片荒漠类型草原，这里是一个看似荒凉，实则充满生机的地方。一些超旱生草本

·信息卡·

荒漠并不只是草原分类中的一个概念，它的含义很广，既包括荒漠化的草原，也包括沙漠、戈壁等，在具体情况下需要具体分析。

荒漠草原风光

植物、灌木和乔木在黄沙和碎石中艰难地生长，猛禽在天空盘旋，鹅喉羚在地面驰骋，野驴和盘羊你来我往……它们共同构成了荒漠草原的壮丽风光。

灌草丛类型的草原主要分布在我国湿润和半湿润地区，它是在森林植被受到连续破坏之后，原来的植被难以在短时间内自然恢复，从而形成的一种特殊的草原类型，包括暖性草丛草地、暖性灌草丛草地、热性草丛草地等小类。

稀树草原可分为温带稀树草原和热带稀树草原，草原上零散分布着乔木。中国的稀树草原比较少，主要分布在海南和云南的少数地区。

人工草地主要分布于牧区，草地中人工栽培的植物占优势，自然生长的植物占比一般小于 50%。人工草地一般不进行类型细分。

湖南省桑植县南滩灌草丛景观

海南邦溪自然保护区的稀树草原

紫花苜蓿人工草地

中国草原如何分区？

分区可以简单理解为区域划分。区域划分是指将一定范围内的地理单元按照既定的划分依据，如功能差异性、经济发达程度等，划分成不同的区域。例如，可以将北京市按照行政管理的需要划分为东城区、西城区、朝阳区等 16 个区域，也可以按照功能差异性将其划分为首都功能核心区、城市功能拓展区、城市发展新区和生态涵养发展区 4 个区域。

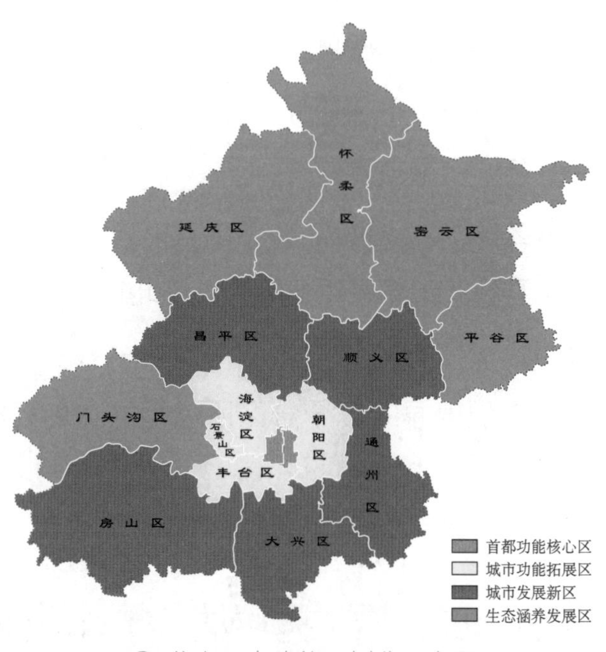

北京四大功能区划分示意图

那为什么要对草原进行分区呢？草原分区与草原分类是两种不同的分组方法。前面讲过，对草原进行科学的分类，可以方便人们更好地认识草原，并为草原的研究、利用和保护等提供科学依据。同样，对草原进行分区也是为了更好地对草原进行管理、保护及利用。我国草原蕴藏着重要的自然资源，在维护国家生态安全、支撑牧区经济发展、维护民族团结、传承草原文化等方面发挥着重要作用。对草原进行科学的管理、保护和利用有利于更好地维护国家生态安全，助力牧区经济发展。

我国主要根据草原的类型、分布特点和功能特征，并结合行政区划，将一定范围内的草原资源进行分区。根据我国草原面积大、分布广、类型多的特点，一些科学家提出，将中国草原划分为内蒙古高原草原区、西北山地盆地草原区、青藏高原草原区、东北华北平原山地丘陵草原区和南方山地丘陵草原区 5 个分区。

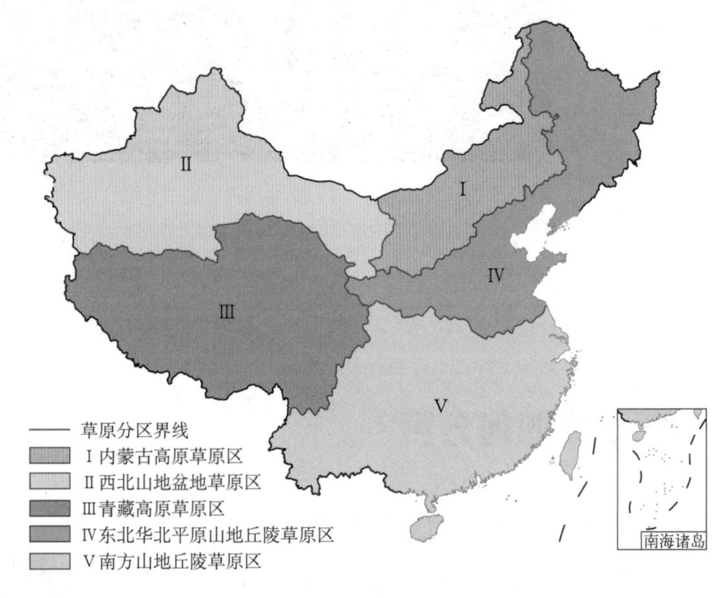

中国草原一级分区示意图

中国草原的 5 个分区所承担的功能各有侧重，但都以生态功能为主、生产功能为辅。

中国草原的分区及功能

分区	地理位置	重要性或特点	主要功能
内蒙古高原草原区	内蒙古高原	中国北部重要的生态屏障	防风固沙、保持水土
西北山地盆地草原区	中国西北地区	中国西北部重要的生态屏障	生物多样性保护、防风固沙和水源涵养

续表

分区	地理位置	重要性或特点	主要功能
青藏高原草原区	青藏高原	是长江、黄河、澜沧江等大江大河的发源地	水源涵养、生物多样性保护和水土保持
东北华北平原山地丘陵草原区	中国东北和华北地区	畜牧业比较发达	水源涵养、水土保持和防风固沙
南方山地丘陵草原区	中国南方地区	牧草资源丰富，单位面积产草量高	水源涵养、水土保持和生物多样性保护

中国有什么特殊的草原吗？

我国是草原大国，草原类型丰富，世界上各种草原类型在我国几乎都有分布。同时，我国还拥有世界上独一无二的草原，这就是位于青藏高原之上，有着“最‘高冷’的草原”之称的青藏高原高寒草原。青藏高原高寒草原位于我国西南部，北至昆仑山、祁连山，南至喜马拉雅山，西接帕米尔高原，包括青海和西藏两个省（自治区）的全部和甘肃的西南部、四川的西北部、云南的西北部等，面积约占全国草原面积的 32% 以上。

青藏高原被誉为“世界屋脊”，是世界上海拔最高的高原。海拔高通常意味着气温低，所以青藏高原上的草原又“高”又“冷”。但“高冷”并不意味着贫瘠，相反，青藏高原高寒草原蕴含着丰富的自然资源。

青藏高原高寒草原面积辽阔，牧草资源丰富。我国六大草原牧区中的西藏牧区、青海牧区、甘肃牧区和川西北牧区均位于青藏高原的高寒草原区。不仅如此，青藏高原高寒草原还拥有宝贵的野生动植物资源，野牦牛、藏羚羊、雪莲、绿绒蒿等许多珍稀动植物都生活在这里。此外，青藏高原高寒草原还蕴藏着丰沛的水资源，孕育了长江、黄河、澜沧江等众多大江大河，使青藏高原获得了“亚洲水塔”的美名。

高寒草原风光

一方水土养一方人。同样，一方水土孕育一方草原。不过，与养育人相比，草原的孕育过程要缓慢得多。中国的草原是经过漫长的时间逐渐形成的，它与山川、森林、河流、湖泊等一起塑造了我国的生态系统与自然风光。在践行“山水林田湖草沙是生命共同体”理念的今天，只有了解草原、研究草原、保护草原，才能更好地利用草原，为子孙后代留下“绿野千里，草长莺飞”的美丽景象。

探索与实践

1.根据本节内容，为我国草原制作一张身份证。身份证中的“姓名”已经填好，请补充其他信息。

身份证

姓名：中国草原

面积：

分布：

分类：

分区：

2.调查你家乡附近的草原，说说它有什么特点。

第三章 生机勃勃草生灵

草原是地球上最有生机的地方之一。草原上有多姿多彩的植物，它们“野火烧不尽，春风吹又生”；草原上也有种类繁多的动物，它们有的憨态可掬，有的机敏灵巧；草原上还有无处不在的微生物，它们默默无闻，却不可或缺。众多的草原“精灵”把草原变成了一个生机勃勃的生态乐园，有关它们的故事也在草原上演绎了千万年。

第一节　百草丰茂绿无垠

三国时期的政治家、军事家曹操在《观沧海》中，用“树木丛生，百草丰茂”描绘了草木郁郁葱葱的样子，我们用其中的“百草丰茂”来形容草原上的景色也是十分贴切的。草原上生长着各种各样的植物，这里就是一个天然草本植物园。牛羊爱吃的牧草，可治病疗伤的药草，利于生态防护的毒草，可供观赏的花草……各种各样的草集合在一起，为大地“穿”上了一件厚厚的“衣服”。

草原上主要有什么草?

草原上的植物以各种草本植物为主，也有少量的木本植物。为了方便起见，人们有时也把低矮的木本植物归类为草。草原是天然的牧场，其中数量最多的草本植物便是牧草。牧草并不是某一种草的名字，而是对所有可供家畜食用的草本植物的总称。草原上重要的牧草主要属禾本科、豆科和莎草科，还有一些属杂类草，它们在草原上的数量占比不同，但都发挥着自己独特的作用。

长长的须根，管状的茎，狭长形的叶子，小而没有香味的花……如果在草原上看到这样的植物，那它很可能就是属于禾本科的草。这类草是深受牛、羊等食草动物喜爱的优质牧草。

在中国的大部分草原中，禾本科牧草是最占优势的植物类群，它们不但种类繁多，而且数量庞大，为草原成为牧场创造了基本条件。草原上常见的禾本科牧草有针茅属、赖草属、冰草属等，它们耐啃食，生长迅速，适口性好，是草原上众多食草动物的主要食物。

冰草

对于人来说，如果只吃主食而不吃肉、蔬菜、水果等食物，很容易导致营养不良。同理，对于牛羊等许多食草动物来说，如果进食的牧草种类太单一，也会导致它们出现营养不良的状况。那么，牛羊等食草动物日常饮食中的“配菜”是什么呢？

在草原上，有一类开蝴蝶形的花、结豆荚形的果的植物，这就是豆科植物。豆科牧草就相当于牛羊等食草动物日常饮食当中的“配菜”，这类植物蛋白质含量很高，能为牛羊提供丰富的营养。

中国草原上的豆科植物种类非常丰富，仅苜蓿属就有苜蓿、黄花苜蓿、天蓝苜蓿等种类，此外还有黄芪属、胡枝子属、锦鸡儿属等。

苜蓿被誉为“牧草之王”，它的粗蛋白质含量非常高，每 100g 干苜蓿中粗蛋白质的含量通常为 18 ~ 22g。此外，苜蓿还含有丰富的维生素和矿物质等，能够满足牛羊等食草动物的生长需求。

禾本科牧草与豆科牧草一起构成了我国畜牧业的植物基础。

苜蓿

天蓝苜蓿

对于某些人来说，每日只吃三餐还不够，需要再来点儿零食。草原上的莎草科植物就可以充当牛羊等食草动物的“零食”。莎草科植物有着和禾本科植物相似的朴素外表，它们开的花很小，而且没有花瓣。大部分莎草科植物具有三棱柱状的茎和细长的叶子，它们喜欢生长在潮湿的地方，甚至能直接生长在水里，因此，草甸类型的草原上常常有它们的身影。

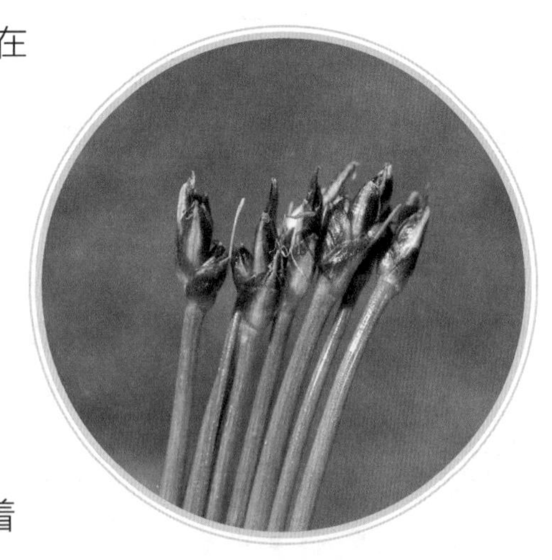
高山嵩草

总体来说，莎草科植物的饲用价值不如禾本科植物和豆科植物突出，但某些莎草科植物也是优质牧草，比如嵩草属中的高山嵩草，它在为牛羊等食草动物补充营养方面发挥着很好的作用。

大米、白面是中国人最常吃的两大主食。除此之外，人们也会吃小米、玉米、燕麦等杂粮。对草原上的食草动物来说，它们的饮食结构中也有“杂粮”，这就是被归为杂类草的牧草。

杂类草是人们对天然草原上除禾本科、豆科、莎草科植物之外，具有饲用价值的其他科植物的统称，这些植物包括菊科、百合科、蔷薇科等。杂类草在草原上的数量占比也很高，有的草原上，杂类草的数量能达到一半以上。一些杂类草含有丰富的营养物质，如高山紫菀、地榆、珠芽蓼等。

高山紫菀

地榆

珠芽蓼

草原上除了牧草还有什么草?

除牧草外，草原上还有许多其他重要的植物类群，它们对人类来说或有药用价值，或有毒有害，或是良好的观赏植物。

草原上有不少有药用价值的草本植物，如甘草、枸杞、麻黄、远志、肉苁蓉等。由这些植物制作而成的草药是中国传统医学的重要组成部分。

甘草广泛分布于我国草原地区，其根、茎均可入药，有缓中补虚、泻

甘草

肉苁蓉

火解毒和调和诸药的功效。肉苁蓉是一种寄生在梭梭根部的草本植物，它的肉质茎可入药，有补肾益血、润肠通便等功效。现代医学研究表明，肉苁蓉含有多种生物活性成分，能起到调节免疫功能、抗衰老等作用。

草原上还有一些草，家畜误食后会出现呕吐、腹泻、烦躁不安等症状，这些草便是“毒草”。在中国的草原上，对牧区畜牧业危害比较突出的有毒植物有黄花棘豆、白喉乌头、瑞香狼毒等，家畜少量误食这些毒草后，会出现呕吐、腹泻等中毒症状，大量误食后甚至会导致死亡。

草原上的有毒植物虽然对人类和动物来说有一定的危害，但对草原生态系统具有重要作用。健康的草原上本身就生活着一定数量的有毒植物，它们虽然数量占比很低，但也有自己的生态位，与其他植物一起维护着草原的

黄花棘豆

白喉乌头

瑞香狼毒

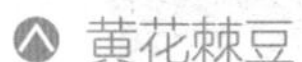

知识速递

自然界为什么会出现有毒植物呢？

植物在漫长的进化过程中也会经历许多“磨难”，它们不仅要适应或干旱、或酷寒、或高温的残酷生存环境，还要面对很多对它们虎视眈眈的食草动物和昆虫。由于大多数植物不能像动物一样移动身体，为了生存和繁殖，它们会想尽办法保护自己，使自己免受伤害。于是，部分植物进化出了分泌有毒化学物质——毒素的能力，分泌毒素就成了这些植物抗击捕食者的有效策略之一。

生态平衡。如果一片草原在短期内生长出了大量毒草，这标志着这片草原已经开始退化。因此，草原有毒植物常被誉为“草原生态恶化的警示灯”。

草原并不是一块块纯绿色的“地毯”，它的上面还生长着许多开花的植物，当这些植物到了花期，草原就变成了花的海洋。人们熟悉的芍药、金莲花、鸢尾等都能在草原上形成壮观的花海。此外，高贵典雅的绿绒蒿、常开不凋的二色补血草、清丽脱俗的伊犁郁金香等都是草原上常见的开花植物，它们与其他植物一起装扮着草原。

芍药花海

金莲花等植物组成的花海

伊犁郁金香　绿绒蒿　二色补血草

中亚鸢尾花海

草原上的植物如何应对干旱?

草原通常形成于干旱、半干旱地区。所以，对于生活在草原上的植物来说，干旱是它们要面临的首要生存问题，特别是对于生活在典型草原和荒漠草原上的植物来说更是如此。为应对干旱，草原上的植物可谓“八仙过海，各显神通”。小到细胞，大到根、茎、叶等器官，这些植物的“身体”在长期的演化历程中发生了一系列适应干旱的变化，这些变化可以被形象地总结为两种方式——“开源”和“节流”。

“开源”就是多“囤水”，其中一个很有效的办法就是让根变得更发达。何为“更发达”呢？那就是根变得更长，以便在土壤中扎得更深，获取深层土壤中的水分。短花针茅等禾本科植物大多采取“开源”的方法“囤水”。

它们发达的须根系像网一样分布在浅层土壤中，能大大提高植株的吸水能力。苜蓿虽然不像禾本科植物那样有发达的须根，但它们的根能扎得很深，生长多年的苜蓿的根能长到 4 米长。一些低矮灌木就更厉害了，比如骆驼刺，它的根可以长到几米甚至十几米长，超长的根十分有利于吸收土壤深处的水分。

短花针茅

“节流”就是“节约用水”，主要包括减少水分的流失和储存水分两种方式。叶子通常是植物身上的“耗水大户”。为“节约用水”，一些生活在草原上的草本植物干脆在进化过程中把叶子“抛弃”了，比如梭梭。梭梭是一种小乔木，通常生长在荒漠草原上。为减少体内水分流失，梭梭的叶子在漫长的演化过程中长成了鳞片状，而维持其生命活动的光合作用则由绿色的茎进行。

梭梭

梭梭开花时的样子

为了“节约用水”，有些植物采取“双管齐下”的节水方法，比如钝叶瓦松。钝叶瓦松的叶子表面有一层膜一样的结构，就像一层塑料薄膜套在叶子上，能够有效减少叶子表面的水分蒸发。除此之外，钝叶瓦松的叶子还很厚，摸起来肉乎乎的，就像多肉植物的茎叶一样。每一片肥厚的叶子相当于一个小型“储水罐”，能在植株缺水的时候为其提供水分。

钝叶瓦松

大赖草

有些禾本科植物，比如大赖草，在遇到干旱时，叶片会发生卷曲，从而减少水分蒸发面积。

如果干旱实在太严重，植物们还可以采取一种迫不得已的“绝招”，那就是进入休眠或假死状态。当植物处于休眠或假死状态时，它们的外观看上去像死了一样——叶片脱落，甚至地面以上的茎也会枯死，

但其实位于地面以下的根茎部分并没有枯死。等到干旱得到缓解时，它们便会复苏，重新长出枝叶。

通过“开源”和“节流”，草原上的植物可以克服干旱，很好地在草原上生活。

草原上的草有什么生态功能？

草原生态系统由草原上的生物和环境共同构成。其中，生物主要包括动物、植物和微生物等，环境主要包括阳光、空气、土壤、水分等，它们相互之间构成千丝万缕的关系，使草原生态系统得以稳定运作。

生态系统的运作离不开能量的支持。草原生态系统的能量来源于阳光。这些能量是由草原上的植物通过光合作用将光能转变而成的化学能，这些化学能存储在由水和二氧化碳合成的有机物中。这些有机物满足了草原上植物生长的需要，进而为草原动物提供食物。对于牛羊等食草动物来说，它们直接从进食的草中获取生长所需的能量。而对于狼、鹰等处于食物链顶端的食肉动物来说，它们所需的能量大多直接来自食草动物，间接来自草。所以，草原上的草是草原生态系统中的生产者，相当于草原上的“基础食物供应商”，为草原生态系统提供物质来源和能量基础。

百草丰茂的草原，不仅是天然的牧场和草药宝库，还是美丽的植物园，更是众多动物的欢乐家园。而它的广阔无垠、充满生机正是由千姿百态的草原植物用顽强的生命力所缔造的。

第二节　万类霜天竞自由

毛泽东在《沁园春·长沙》中用“鹰击长空，鱼翔浅底，万类霜天竞自由”描绘万物在秋光中自由自在地生活的景象。草原是地球上生物多样性非常丰富的区域，这里不仅有“鹰击长空，鱼翔浅底”，还有骏马奔腾、呦呦鹿鸣、“风吹草低见牛羊”等。各种各样的动物以草原为家，在草原上世代繁衍生息，把草原变成了一个天然动物园。

哪些动物生活在草原上呢？

草原得天独厚的自然环境为众多动物提供了生存场所。地上跑的，水里游的，天上飞的……动物种类繁多。

早在很久以前，人们就学会了利用草原放牧。因此，草原上生活着大量人工驯养的动物，最常见的便是马、牛、羊等。这些家畜既是牧民们的重要财产，也是他们的亲密伙伴。

提到草原，很多人的脑海里会浮现骑着骏马奔跑的惬意画面。是的，马就像是草原的标志，没有马的草原貌似是不完整的。中国的马大部分生活在草原地区，其中著名的品种有蒙古马、伊犁马等。

蒙古马虽其貌不扬，但体格强健，耐力持久，它们曾“背”着成吉思汗和他的部下建立了庞大的蒙古汗国。伊犁马体形高大，体态匀称，外形俊美，在现代常常作为马术用马。据说伊犁马的一部分血统来自被汉武帝赐名的“天马”。

“横眉冷对千夫指，俯首甘为孺子牛。”牛敦厚的品质一直为人们所称

蒙古马

伊犁马

颂。在青藏高原上生活着一种特殊的牛，它们耐寒、耐粗饲，能适应空气稀薄的高原环境，被誉为“高原之舟”，这就是牦牛。牦牛不仅善于在高山峻岭间驮运货物，还能为人们提供肉、奶和皮毛。在藏族人民的心目中，牦牛是财富、力量和地位的象征，白牦牛还被藏族人民视作山神的化身。

牦牛

·信息卡·

在很多人的印象中，草原上的放养动物无非是吃草的家畜，但其实能在草原上饲养的动物不只有家畜，还有鱼！

在吉林省东部的郭尔罗斯草原上，有一个被专家学者誉为“最后的渔猎部落”的地方，这就是著名的查干湖。查干湖是吉林省最大的湖泊，这里生活着近70种鱼类，200多种鸟类，200余种野生植物，是吉林省西部生态经济区的核心区，在调节地区气候、维护生态环境等方面发挥着重要作用。然而，对大多数人来说，知晓查干湖并不是因为它面积大、生态保持良好，而是一年一度壮观的查干湖冬捕。

每年12月下旬，查干湖上会举行盛大的“祭湖醒网”仪式，宣布查干湖冬捕的开始。仪式结束后，人们会在冰面上开凿出一个个洞，并把巨大的网投入湖中。经过一番热火朝天的忙碌之后，收起来的沉甸甸的大网中堆满了活蹦乱跳的鱼。查干湖冬捕期间，一网下去最多能捕获十几万千克的鱼。这样巨大的产量，让查干湖获得了“水下牧场”的美誉。

查干湖冬捕

除了人工驯养的动物，草原上还生活着众多野生动物，它们是草原的“原住民”。

中国的草原上生活着一种叫作草原雕的大型猛禽，它的翅展可达两米。草原雕面相“凶狠”，捕猎时速度极快，是草原上鼠类的最大天敌之一。

大鸨，国家一级重点保护动物，是世界上最大的飞行鸟类之一，一般栖息于开阔的平原、草地，喜欢成群活动。我国第一个以保护大鸨繁殖地为主的自然保护区是位于内蒙古的图牧吉国家级自然保护区。这里草原面积广阔、草质优良，湖泊湿地众多，被命名为“中国大鸨之乡”。

草原雕

大鸨

黑颈鹤

黑颈鹤，国家一级保护动物，主要栖息在海拔 2500 ~ 5000 米的高原草甸、沼泽地带，它是世界上唯一一种生长和繁殖都在高原上进行的鹤类。黑颈鹤数量稀少，非常珍贵，因而被誉为“鸟中大熊猫”。

中国的草原上不缺少兽类。2008 年北京奥运会的吉祥物之一——福娃“迎迎”，他的形象原型便是藏羚羊。藏羚羊，国家一级保护动物，主要生活在我国西藏羌塘、青海可可西里及新疆阿尔金山自然保护区等区域。它们形态优美，奔跑时体态轻盈，被誉为“高原精灵”。二十世纪初，我国藏羚羊的数量曾达到了 100 万只，成群迁徙的藏羚羊引得外国探险家连连惊叹。后来，藏羚羊遭到大量捕杀，几近灭绝。在二十世纪八九十年代，我国政府先后建立了多个藏羚羊保护区。经过 40 年左右的努力，我国藏羚羊的数量从最少时的 5000 余只逐渐恢复，目前增加到了 30 万只左右。

藏羚羊

头部小巧，鼻头尖尖，四肢修长，拖着条大尾巴，看起来聪明又漂亮……这应该是很多人脑海中对狐狸的印象。但是，在青藏高原的草原上有一种狐狸，它们的长相颠覆了人们对狐狸长相的一贯认知，这种狐狸就是藏狐。它们长着一张大方脸和一双小眼睛，再配上那忧郁的表情，被人们戏称为“高原上行走的表情包”。藏狐最喜欢吃鼠兔，偶尔也会吃小鸟、昆虫、蜥蜴和旱獭。

在青藏高原上，一年四季都能看到鼠兔忙碌的身影。鼠兔既不属于鼠类，也不属于兔科，而是鼠兔科动物。它们长着小巧精致的圆耳朵，四肢短小，尾巴也很短小，几乎看不到。它们的爪细而弯，适于掘土。鼠兔不仅是藏狐最常捕捉的一种猎物，还是猛禽和其他许多小型食肉动物爱吃的美味，

被人们形象地比喻为“高原大米饭”。鼠兔这么“受欢迎”，那它们会不会被吃“光”呢？这一点不用太担心，因为鼠兔的繁殖能力很强，数量太多时，反而会危害草原的健康。多一些对鼠兔垂涎三尺的“邻居”，对维护草原生态平衡来说反而是有好处的。

藏狐

鼠兔

旱獭，俗称“土拨鼠”，它们虽然名字中有“獭”字，却与水獭的关系很远，反而与松鼠的关系很近。旱獭广泛分布在草原、旷野和高原地带。我国有 4 种旱獭，分别是分布于新疆的灰旱獭和长尾旱獭、分布于内蒙古的草原旱獭和分布于青藏高原上的喜马拉雅旱獭。旱獭擅长打洞，一遇到危险便会飞快跑到洞里。

草原上既有温顺的家畜，也有灵动的野生动物；既有翱翔于蓝天的飞鸟，也有嬉戏于水中的游鱼。它们共同生活在广阔的草原上，上演着一幕幕生动的故事。

喜马拉雅旱獭

草原上不同动物之间是怎么处理“邻里关系”的?

草原上，动物的生存空间是高度重叠的，在面临有限的生存资源时，不同的动物之间难免发生“摩擦”。在草原上，资源丰富的地方往往是“香饽饽”，会吸引许多动物前来繁衍生息，因而这里的竞争会很激烈。许多动物生活在同一片草地上，它们是怎么处理“邻里关系”的呢?

在人类社会中，邻里之间通常会遵循和睦相处的原则。但在草原“社会”上，除了单纯的吃与被吃的食物链式“邻里关系”，一些动物之间的“邻里关系”要复杂得多，它们之间有帮助，有利用，也有毫不留情的竞争。

在青藏高原地区，一些鸟似乎会与鼠兔共享巢穴，因此当地有“鸟鼠同穴”的说法，这也让很多人产生无限遐想。其实，“鸟鼠同穴”可能是个

误会。鼠兔是优秀的“地下工程师”，它们非常擅长挖掘洞穴，它们挖掘的洞穴也是许多鸟类和爬行动物的栖息场所和临时庇护所，能帮助这些鸟类和爬行动物躲避天敌和恶劣天气。例如，青藏高原上有一种叫作白腰雪雀的小鸟，它们就喜欢利用鼠兔挖掘的洞穴筑巢。通常情况下，白腰雪雀会选择将鼠兔废弃的洞穴加以改造后再使用，但有时也会“强抢”洞穴，把鼠兔从它们正在居住的洞穴中赶出去。虽然“强抢”洞穴这种做法有些过分，不利于“邻里关系”的发展，但当它们的天敌来临时，白腰雪雀的叫声可以为鼠兔提供警报。这样看来，鼠兔和白腰雪雀的关系可谓是“爱恨交织”。

草原上有些动物之间的“邻里关系”非常“粗暴”，强者会直接把弱者吃掉，甚至还会霸占弱者的“房子”。藏狐和旱獭就是这样一对“邻居”。藏狐的“盘中餐”中就经常出现旱獭的身影。同时，旱獭的洞穴对藏狐来说大小刚好，很适合藏狐居住。这种“毫不留情”的“邻里关系”，恐怕是旱獭做梦都不想要的吧。

草原上的动物和草之间只有吃与被吃的关系吗？

食草动物是草原生态系统的“消费者”，相当于草原上的“食客”，它们享受着草原提供的食物。但食草动物与草之间并不是只有吃与被吃的关系，它们之间其实是相互依存、谁也离不开谁的关系。

食草动物虽然吃草，但也能“种草”。食草动物在吃草时，会把草的种子也吃进肚子里。但其中不少种子并不会被消化掉，它们只是在动物的消化道中“游历”了一番，最终会随着动物粪便排出。在条件适宜的情况下，有的种子便会在动物粪便中发芽。所以，草原上的很多草其实是食草动物“种”的。

草原上草的健康生长也离不开食草动物。食草动物不仅可以给草“施肥”，还能帮它们“松土”。食草动物产生的大量粪便是很好的肥料，有利于维护草原土壤的肥力。旱獭和鼠兔在草原上打洞，这能让草原土壤的透气性和透水性更好。

除了食草动物，食虫鸟类对草原植物也有重要作用。食虫鸟类可以捕食危害植物的昆虫，这能有效地减少草原虫害的发生。

草原植物供养了不计其数的动物，这些动物有野生的，也有人工放养的，它们之间既有杀戮和竞争，也有和睦相处，让草原充满了生机与故事。

探索与实践

1. 如果草原上举行动物技能比赛，你觉得谁会成为长跑冠军？谁是大力士？谁又最能挨饿？说说你的理由。

2. 草原上不同动物之间的“邻里关系”对你有什么启发？

第三节　涓埃之微大可为

自然界既有蓝鲸那样的庞然大物，也有比微尘还小的微生物。微生物虽然微小，肉眼不可见，却是自然界的重要成员，在自然界的物质转化与元素循环过程中发挥着举足轻重的作用。

草原上有哪些微生物？

微生物是人们对一大类形体非常微小的生物的统称，它们小到通常需要在显微镜下才能被看到。微生物是地球上出现最早的生命形式，包括细菌、真菌、古菌、病毒等类群，它们广泛分布在自然界各个生态系统中。

草原上也有丰富的微生物种类，它们主要存在于土壤中。其中，人们研究比较多的微生物主要有细菌和真菌。细菌和真菌在草原土壤微生物组成中占绝对优势。在一些草原土壤中，细菌和真菌的总质量甚至超过土壤微生物总质量的 90%。

微生物最早是谁发现的?

17 世纪 80 年代，荷兰生物学家列文虎克用自制的显微镜对雨水、血液、牙垢等进行观察，发现了许多“活的小动物”，就此推开了微生物世界的大门。

微生物对草原上的植物和动物有什么影响？

草原上每克土壤中生活着数以亿计的微生物，其中少数微生物会对草原植物和动物造成危害，使它们生病或死亡，大多数微生物并不会对草原植物和动物造成危害，反而能帮助植物和动物更好地生存。

草原上的许多细菌和真菌可以与植物形成互惠互利的关系。一些细菌能够刺激植物的根部形成根瘤，一些真菌也能与植物的根系形成共生体。这些细菌或真菌能为植物提供生长所需的矿质营养，而植物则能为细菌或真菌提供碳水化合物。

豆科植物的根瘤

知识速递

根瘤与根瘤菌

根瘤是豆科植物根部的瘤状凸起，它是由土壤中的根瘤菌侵入豆科植物根部的某些细胞中，引起这些细胞的强烈分裂和生长，从而使植物的根局部膨大而形成的。

能够刺激植物的根部形成根瘤的细菌被称为根瘤菌。它们是生活在豆科植物根部的固氮菌，能固定大气中的游离氮，为植物提供氮素养料。同时，植物根部细胞中所积贮的糖类能供给根瘤菌消耗。所以，根瘤菌与豆科植物之间形成的是一种互利共生关系。

根瘤菌是细菌家族中的一个分支，广泛存在于自然界的土壤中。不同种类的根瘤菌具有不同的“喜好”，它们会选择自己“喜欢”的植物并与之共生。

氮是植物生长发育必需的营养元素，但氮元素主要以氮气的形式存在于空气中，很难被植物直接利用，而土壤中能被植物利用的无机氮又很有限。对草原上的豆科植物来说，根瘤就相当于自身携带的“氮肥工厂”，有了这个“工厂”，豆科植物再也不用担心“无氮可用”了。

在草原生产实践中，人们利用豆科植物与根瘤菌形成的互利共生关系提高了牧草产量。人们做过这样的实验，给一片足球场大小的紫花苜蓿草原接种根瘤菌后，只需要一年的时间，整片草原中根瘤菌的固氮量就能达到200千克，这不仅节约了氮肥的用量，还对环境没有任何污染。

与植物的根共生并不是某些细菌独有的本领。有一类叫作“丛枝菌根真菌”的真菌，它们也能与植物共生，而它们与植物共生的方式是菌丝侵入植物根的表皮和皮层细胞内部，并在植物根皮层组织内延伸，形成像树枝一样的丛枝状结构。丛枝菌根真菌在陆地上的分布也极为广泛，它们能与80%～90%的植物根系“合作”形成丛枝菌根，尤其是在草原上，几乎找不到没有与丛枝菌根真菌共生的植物。丛枝菌根真菌可以帮助植物吸收氮、磷等土壤中的矿物质，改善植物的水分吸收状况，提高植物抗旱性，增强植物抗病能力，从而促进植物的生长。与根瘤菌一样，不同种类的丛枝菌根真菌也会选择不同的植物进行共生。

微生物不仅能帮助植物更好地生存，对草原上食草动物的生存也至关重要。食草动物虽然吃草，但其实并不能消化草，因为食草动物和人一样，体内没有能够消化纤维素的酶，而且也无法依靠自身合成消化纤维素的酶。那食草动物吃下去的草是怎么被消化掉的呢？其实，食草动物的消化道内生活着可以分解纤维素的微生物，这些微生物与食草动物形成了互利共生关系，它们就像人体肠道内的“共生菌”，能够产生分解纤维素的纤维素酶。在它们的帮助下，食草动物就可以放心吃草了。

可以分解纤维素的共生微生物在不同食草动物的消化道中“居住”的部位是不一样的。

牛、羊等反刍动物消化道中的共生微生物主要生活在瘤胃中。牛和羊等反刍动物的胃构造复杂，多由瘤胃、网胃、瓣胃和皱胃4室组成。其中，瘤胃、网胃和瓣胃由食管变形所成，不分泌胃液；皱胃与其他哺乳动物的胃一样，能够分泌胃液。瘤胃的体积最大，它的主要功能是存储动物吃进去的草料并对其进行初步消化，相当于一个“草料储藏 + 初步消化室”。而初步消化这个步骤便是由瘤胃中的共生微生物来完成的，这些共生微生物会将纤维素分解为能被瘤胃壁吸收的物质。经过初步消化的食物会呕回动物的口腔，接着动物会对食物进行重新咀嚼、吞咽。这样的过程会重复多次。之后，食物会依次经过网胃、瓣胃和皱胃进行进一步消化。

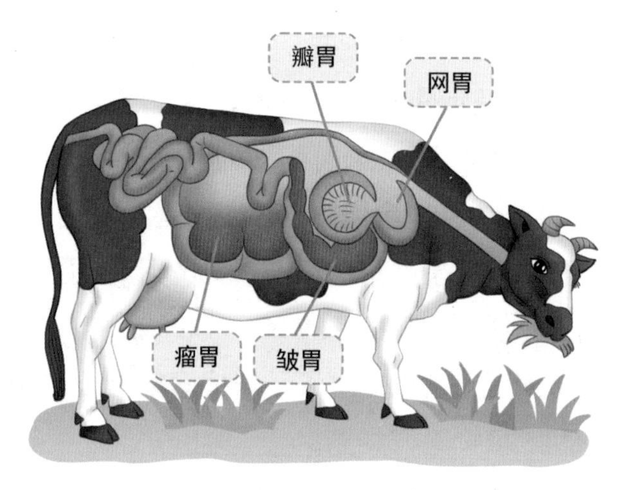

牛消化系统示意图

知识速递

什么是反刍?

观察牛、羊等反刍动物会发现，它们在没吃草时，嘴巴依旧会不停地咀嚼。那它们在咀嚼什么呢？答案就是那些已经咽到肚子里且经过初步消化后又呕回到口腔中的食物。反刍动物会把粗粗咀嚼后咽下去的食物再返回嘴里细细咀嚼，然后再咽下去，这个过程就是反刍，俗称倒嚼。反刍一般在动物休息的时候进行，这样可以大大节约采食的时间。

对于马和兔子等非反刍动物来说，分解纤维素的共生微生物并不是生活在它们的胃里，而是生活在盲肠中。马和兔子都只有一个胃，这个胃和人的胃一样会分泌胃液，而胃液会杀死一些微生物。因此，马和兔子的胃并不适合一些共生微生物“居住”。为更好地消化草料，马和兔子的盲肠在漫长的演化过程中变得特别发达。

草原上有的动物并不吃草，但微生物对它们的生存同样有着重要影响，甚至是“要命”的影响。

在青藏高原的高寒草甸上，有一种神奇的生命，这就是“冬天为虫，夏天为草”的冬虫夏草。

冬虫夏草与微生物有什么关系呢？虽然冬虫夏草的名字里既有“虫”，又有“草”，但它其实既不是虫，也不是草，而是虫和真菌的复合体，是冬虫夏草菌侵染蝙蝠蛾科昆虫的幼虫后产生的“二合一”产物。冬季，蝙蝠蛾科昆虫的幼虫会钻到土壤中过冬，在受到冬虫夏草菌侵染后，幼虫会因体内的组织遭到破坏而死亡，虫体只残留外皮，内部被真菌菌丝体所填充，形成菌核。到了第二年夏天，菌核上会生出像草一样的真菌的繁殖器官——子座，冬虫夏草因此而得名。

冬虫夏草

冬虫夏草是一味名贵传统中药材，干燥的子座和虫体入药后有补肺益肾的功效。

目前，人们对草原上的古生菌、病毒等其他类型的微生物的研究还较少，但这并不能说明它们不重要。草原上所有类型的微生物都是草原生态系统的重要成员，对维持草原生态系统的平衡具有重要作用。

落叶归根

微生物如何维持草原生态系统的平衡？

无论是“落红不是无情物，化作春泥更护花”，还是“落叶归根”，它们都体现了自然界中的能量流动与物质循环，自然界中的生命之所以生生不息，便得益于此。这两个过程都离不开生产者、消费者和分解者的参与。在生态系统中，生产者让能量从无机环境流入生物群落，让物质从无机物转变成有机物；消费者将能量和物质从一个生物身上传递到另一个生物身上。但无论是生产者还是消费者，随着个体的死亡，它们的有机体都会被分解，从而重新参与自然界的物质循环。在自然界中，充当“分解者”这一角色的大多是无处不在的微生物。

理论上，一个生态系统要想保持平衡，消费者并不是必需的，但是生产者和分解者是不可或缺的。生产者能为生态系统提供有机物和能量，分解者则能将有机物分解成无机物，从而使生态系统的物质得以循环。

草原上的微生物能够将草原动植物的排泄物、遗体中复杂的有机物分解为简单的无机物，除供给自身的生存需要外，其余的会释放到环境中，这些释放到环境中的无机物又可以被生产者重新利用，从而实现物质从有机体到无机环境再到有机体的传递。

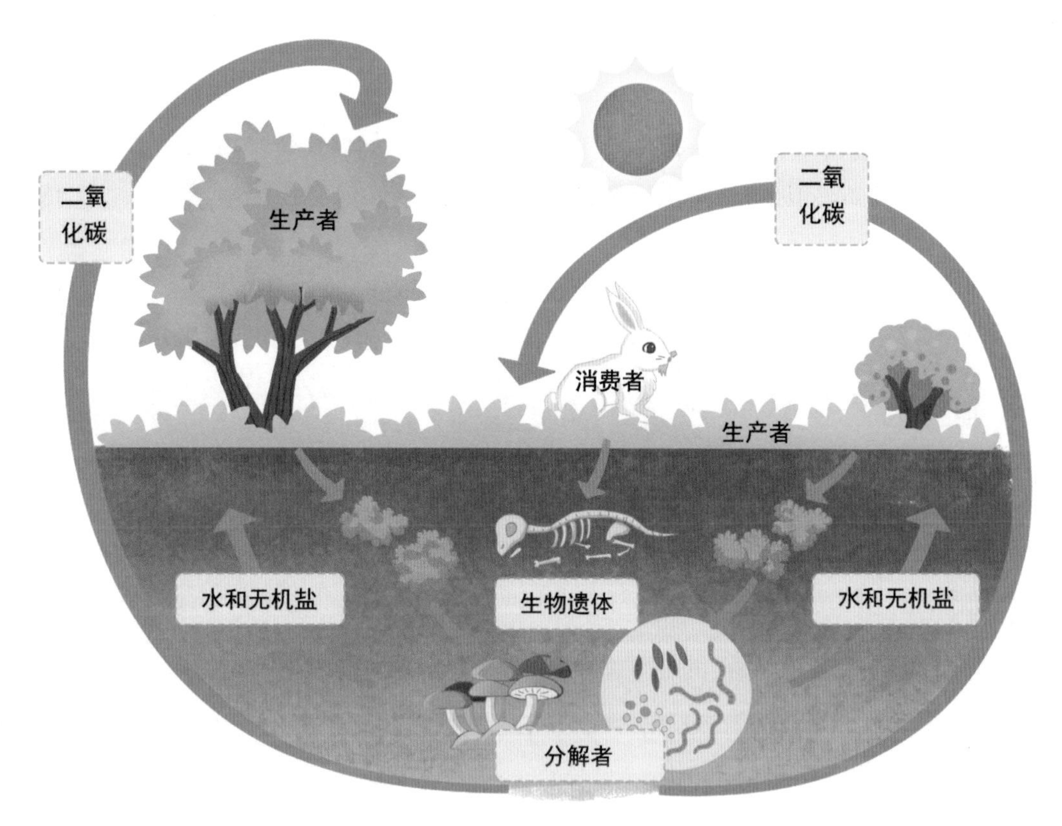

草原生态系统中生产者、消费者、分解者关系示意图

草原微生物就相当于人类社会中的“资源回收再利用公司”，它们的存在对维持草原生态系统的健康和稳定至关重要。试想一下，如果没有微生物，仅是消费者产生的粪便很快就会堆积如山，消费者和生产者连“立足之地”都没有，整个草原生态系统很快就会崩溃。

古语说“千里之堤，溃于蚁穴”，这句话用来比喻微小的隐患会酿成大的灾难或损失。自然界有很多微小的生命体，虽然其中有一些会给其他生物带来麻烦，但更多时候，它们为其他生物的生存和发展创造了良好的条件。微生物在地球上率先开启了生命的征程，并一直伴随着其他生物的演化，从而形成了如今丰富多彩的自然界。

探索与实践

了解发酵粉的成分，说说它属于哪类微生物。尝试用发酵粉做一次馒头，并把步骤记录下来，然后分析哪些步骤出错可能会导致发酵不成功。

步骤记录

第四章 厚德载物草芳晖

草原是世界上面积最大的陆地生态系统，是生态、生产和生活“三生”空间的集合体，是绿水青山和金山银山合二为一的有机体，是不可替代的重要战略资源。草原具有独特的生态、经济和社会功能，它既为人类的生存构筑起绿色生态屏障，也维护了人类社会经济的可持续发展。

第一节　芳草绿野草生态

中国的草原面积大、分布广、类型多，草原上种类繁多的动植物和微生物资源构成了草原丰富的生物多样性，使草原具有不可替代的生态功能和资源价值。作为一种既可利用又可再生的生物资源，草原还具有涵养水源、保持水土、固碳释氧、防风固沙等生态功能，为人与自然界中其他类型的生命筑起了绿色生态屏障。

草原是如何涵养水源的呢？

水源涵养是指生态系统通过其特有的结构与水相互作用，对降水进行截留、渗透、蓄积，并通过蒸发实现对水流、水循环的调控。草原主要利用草原植被和草原土壤两大“法宝”实现涵养水源。

草原植被

草原土壤

草原上的植物，尤其是各种草本植物，相较于木本植物生长更迅速，它们看上去就像一块厚厚的绿毯，能截留大量的降水。同时，这块“绿毯”还可以帮助减少地表水分的蒸发，从而起到涵养水源的作用。

质地疏松的草原土壤透水性较强，能快速地将地表的雨水带入地下。不仅如此，草原土壤中的大量微生物能使土壤形成细小的颗粒，这样便增加了土壤中的孔隙，使土壤的蓄水能力增强。

草原涵养水源作用示意图

中国的草原是名副其实的“水库”

淡水是陆地上绝大部分生命的源泉，主要存在于地表、岩层和土壤中。其中，地表淡水主要以河流、湖泊、冰川和积雪等形式存在。

我国的青藏高原高寒草原区是众多大江大河的发源地，长江、黄河、澜沧江等河流大都发源于此。

此外，草原孕育了众多湖泊。我国内蒙古东部草原区分布着 500 多个湖泊；东北松嫩羊草草原上的湖泊多达 204 个；青藏高原高寒草原区也分布着数量众多的高原内陆湖。

可以说，中国的草原是名副其实的“水库”。

若尔盖花湖风光

青藏高原高寒草原区风光

草原是如何保持水土的呢？

在自然界中，植被是保持水土的“卫士”。地面植被覆盖率的高低决定着土壤受侵蚀程度的强弱。植被覆盖率越高，土壤受侵蚀程度越弱；反之，植被覆盖率越低，土壤受侵蚀程度就越强。

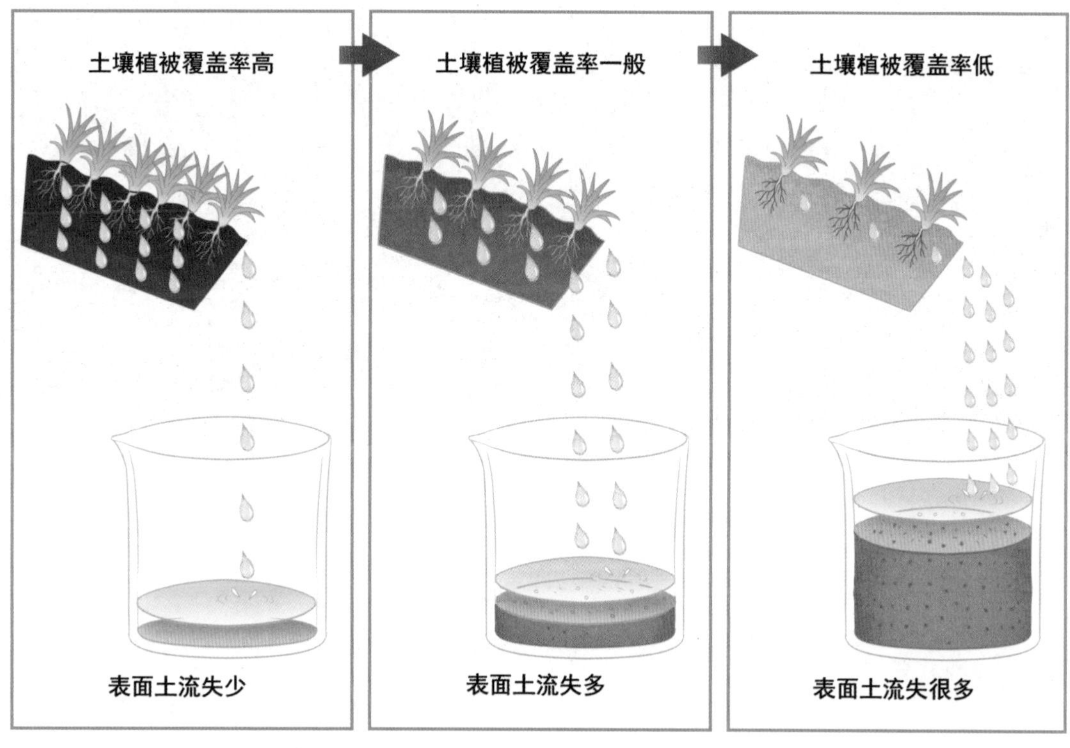

地面植被覆盖率与土壤受侵蚀程度的关系示意图

草原植被多贴地面生长，且具有生长迅速、植株稠密和根系发达的特点，在防止水土流失和土地荒漠化方面有着不可替代的作用。

草原植被的第一大特点是生长迅速，尤其是草本植物，一般在播种后的当年或第二年就能生长得很茂盛。在水土流失最严重的雨季，生长茂盛的草本植物能起到非常大的水土保持作用。

草原植被的第二大特点是植株稠密。草原植被普遍茎叶低矮茂密，且植株生长密度较大。一般情况下，每平方米草地上就可生长几百株草，有时

植株稠密的草原

草本植物的根系

甚至高达上千株。这样的生长密度能够使地表形成一层“保土草皮”，可有效防止因雨水冲刷而造成的表层土壤流失。

草原植被的第三大特点是根系发达，尤其是草本植物发达的须根系，它们曲折蜿蜒，有的细如发丝，在土壤中形成纵横交错的“须根网”。“须根网”集中分布在土壤表层，能够固定土壤颗粒，防止肥沃的表层土壤被雨水冲刷掉。

此外，草原土壤中的腐殖质及微生物的分泌物等会与土壤中的一些无机物（如矿物质、钙等）结合在一起，形成土壤团粒结构，使土壤变得多孔且不易被水泡散，既提高了土壤的透水性，减少了地表径流，同时也减少了土壤中养分的流失，起到保持水土的作用。

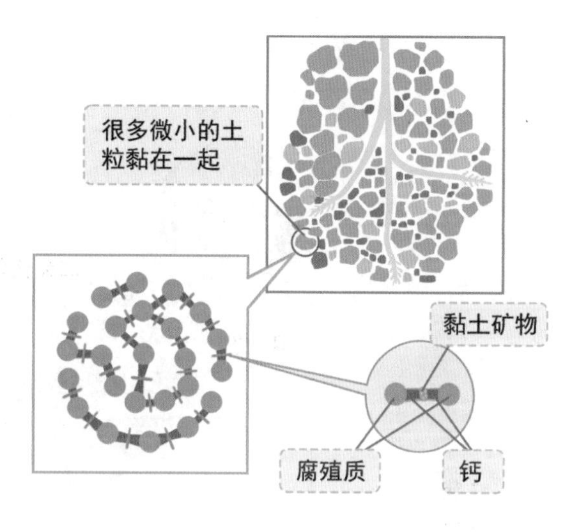

土壤的团粒结构

草原上的植被和土壤使草原具备很强的保持水土的能力。那草原保持水土的能力究竟有多强呢？在客观条件相同的情况下，人们通过对面积大小相同的小麦地、高粱地和天然草地的土壤流失量进行对比后发现，天然草地的土壤流失量微乎其微，而小麦地和高粱地的土壤流失量分别为每公顷1200千克和每公顷2700千克。

草原是如何固碳释氧的呢？

固碳释氧是绿色植物通过光合作用将大气中的二氧化碳转化为有机物质固定在植物体内，同时释放出氧气的过程。草原上生长着各类绿色植物，它们都能进行光合作用，将吸收的二氧化碳和水转化成有机物质，并释放出氧气。这样，大气中大量的碳就能以有机物质的形式被封存在植物体内和土壤中。虽然植物也会通过呼吸作用释放二氧化碳，但相比于它们吸收的二氧化碳量来说，其呼出的二氧化碳量很小，能够达到良好的固碳效果。

草原是地球陆地上仅次于森林的第二大碳库，草原的碳储量及其变化关系着全球陆地的碳平衡。草原是中国面积最大的陆地生态系统类型，其碳汇潜力巨大，并且具有森林碳汇不可替代的作用。

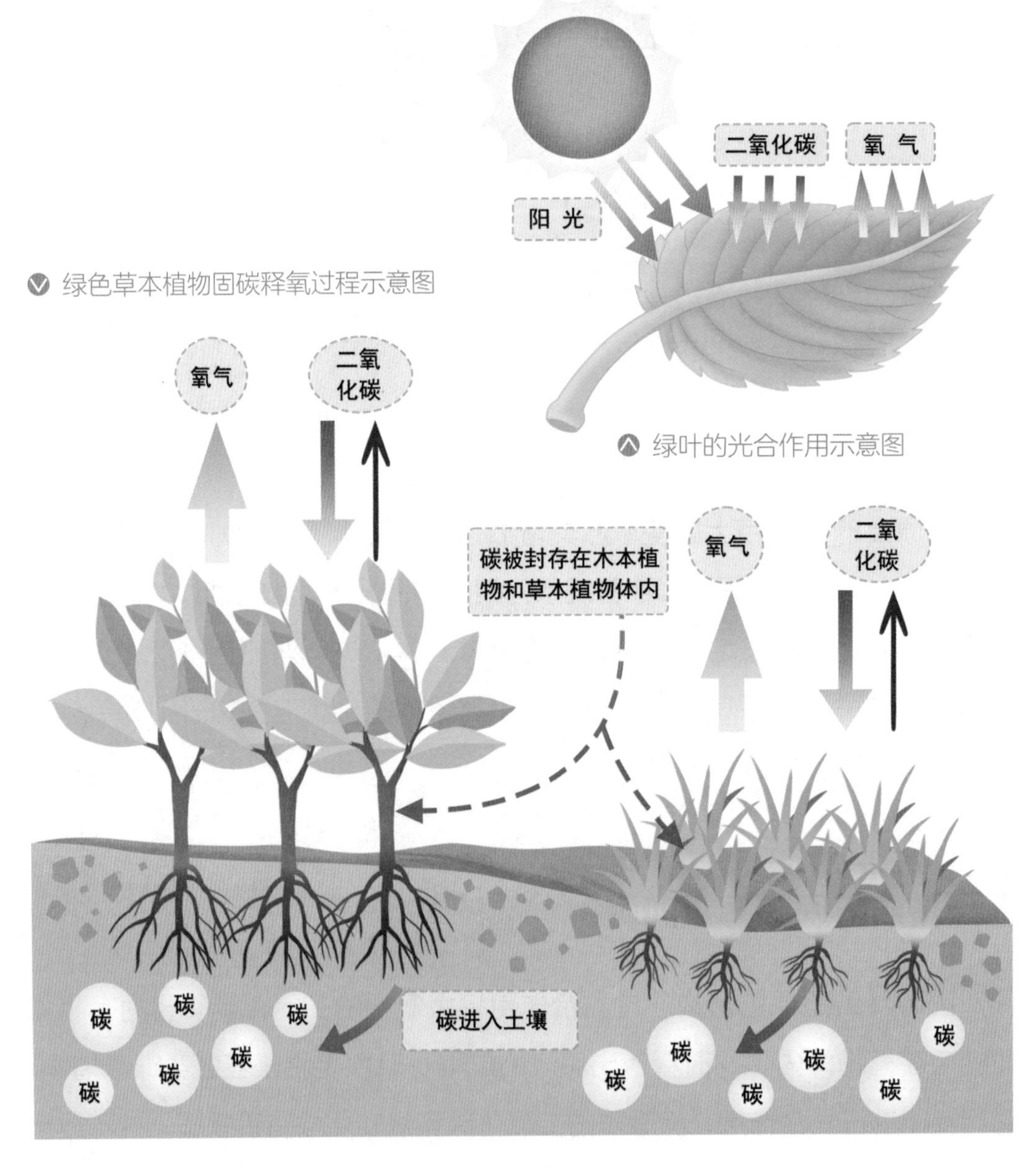

绿叶的光合作用示意图

绿色草本植物固碳释氧过程示意图

草原的其他生态功能

草原能防风固沙。草原植被多贴地生长，且植株生长密度大，这在很大程度上增加了地表粗糙度，能有效降低地表风速，从而减轻土壤的受吹蚀强度。另外，草原上的每棵植株都能固土，它们还能挡风，这样可有效减少地表砂石的流动。在干旱、土地贫瘠、多风的地区，耐旱耐贫瘠的草本植物能有效起到固沙固土的作用。

草原能调节气候。草原上的植物能通过叶面的蒸腾作用向环境中释放水分，提高环境的湿度，从而影响大气中水汽的含量，进而影响云量和降水。此外，由于植被可吸收太阳辐射，所以，在夏季，草原近地面的温度要比裸地近地面的低一些，而冬季正好相反，草原近地面的温度要比裸地近地面的高一些。这些都体现了草原在调节局部气候方面起着十分积极的作用。

草原能净化空气。草原可释放负氧离子、吸附粉尘、固定大气中的有害物质，化害为利，起到净化空气的作用。

探索与实践

水土流失是土壤在水的浸润、冲击作用下，结构发生破碎和松散而随水散失的现象。请你和同伴讨论以下关于水土流失的问题。

1. 导致水土流失的原因有哪些？
2. 影响水土流失程度的主要因素有哪些？
3. 防止水土流失的具体方法有哪些？

第二节　物阜民丰草经济

草原物产丰富，既是发展畜牧业的主阵地和蕴藏野生生物种质资源的宝地，也是开发绿色能源的基地和开展生态旅游的胜地，为人类带来难以估量的价值。随着时代和社会的发展，人们将绿色、自然的理念融入草原发展，在蓝天白云和碧水青草中收获金山银山，从而使生活变得更加美好，真正实现了物阜民丰。

草原是发展畜牧业的主阵地

千百年来，草原民族一直沿袭着逐水草而居的生活方式。他们利用草原饲养牲畜，然后从牲畜身上获取肉、奶、皮、毛等生活资料，并且将多余的生活资料转变为经济收入。可以说，草原是草原民族赖以生存的物质和经济基础。畜牧业是中国六大牧区重要的经济支柱，且发挥着不可替代的作用。

逐水草而居，沿牧道迁徙，风雪侵袭，人畜困顿……这曾是草原游牧民族生活的真实写照。牧民生产常常因为风雪而遭受损失。为改变这一状况，国家启动并实施了游牧民定居工程计划，大力开展游牧民定居工程建设。各牧区在水土、交通条件较好的地方修建定居点，同时开展配套的医疗、教育、文化建设，然后让牧民以开发的饲草料基地为中心，相对集中地定居下来。如今，一批批牧民搬入新居，建起暖圈，种起饲草，不再顶风冒雪放牧牛羊。

同时，作为一种传承数千年的生活方式，逐水草而居的游牧生活方式

牧民赶着牲畜迁徙

仍是许多牧民的选择。在建设牧民定居点的同时，各牧区守护千年游牧传统，升级牧区道路，新建通信设施，加强牧业医疗卫生建设，让“风雪不再成为宰割牛羊的刀子”。

草原畜牧业包括哪些经济产业呢？

草原畜牧业是以牧草资源为依托的畜牧业，除发展牧草生产外，还能发展牲畜养殖和畜产品加工等产业。其中，牲畜养殖业又可衍生出畜种培育业、兽医兽药业，畜产品加工业又可衍生出肉食品业、乳品业、皮革业和毛纺织业等。

羊肉肉质鲜美，能做成各种美食，如烤全羊、手把肉、涮羊肉等。

羊奶营养丰富且易吸收，不但能在加热后直接饮用，还能制成奶粉、奶酪等。

羊毛柔软暖和，能制成各种毛纺织品，如羊毛毛衣、羊毛围巾等。

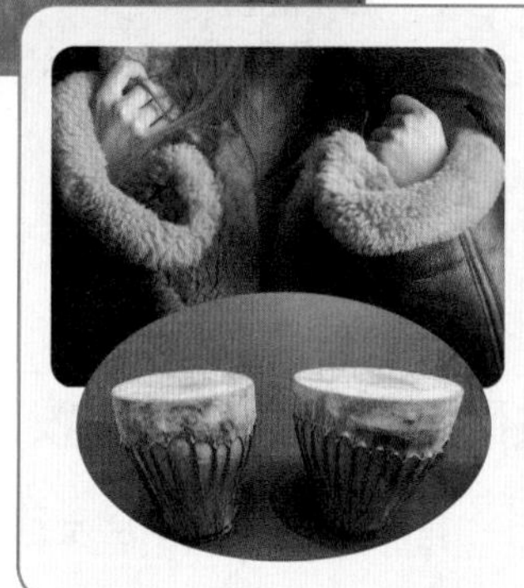

羊皮柔软耐磨，能制成各种皮制品，如羊皮袄、羊皮鼓等。

羊的经济价值

发展草原畜牧业不局限于放牧牲畜。想要获得优质的牲畜品种，畜种培育业必不可少；想让牲畜吃到优质饲料，必然离不开牧草种植业及饲料加工业的辅助；想要牲畜健康成长，兽医和兽药业也必不可少；想要提高畜产品的价值，可延长产业链，围绕肉、奶、皮、毛等副产品进行深加工。草原兴，则畜牧兴；畜牧兴，则畜牧相关产业兴。这样，草原地区的经济才能获得更好地发展。

草原是蕴藏生物种质资源的宝地

草原上生活着种类繁多的野生动植物，它们是重要的生物种质资源。

种质和种质资源

种质又称生殖质。它是德国生物学家魏斯曼在种质连续学说中创用的术语。在该学说里，种质是生物体中的一种特殊物质，能通过生殖细胞一代代地连续传递并衍生出体细胞。它是保持不变的，也不受身体与环境的影响。

种质资源又称遗传资源或基因资源，同为种质连续学说中的术语，是对一切具有特定种质或基因的生物类型的总称。古老的地方品种、新培育的推广品种、重要的遗传材料及野生近缘植物，都属于种质资源的范围。

野生动植物种质资源是野生动植物遗传信息的总和，是保障生态安全的战略性资源。

草原上有哪些野生植物资源呢？中国的草原上野生植物资源丰富，主要有饲用植物、药用植物、沙生植物、芳香植物和观赏植物等，也有可供人食用的植物。

草原上的野生植物资源

种类	相关介绍	代表植物
饲用植物	饲用植物是草原植物资源的主体，不仅为发展畜牧业奠定了良好基础，也为野生动物的生存繁衍提供了良好的食物来源。	高山嵩草

续表

种类	相关介绍	代表植物
药用植物	中国的草原上分布的药用植物近千种，代表药用植物有甘草、防风、柴胡、雪莲等。	雪莲
沙生植物	适生于松散的和可移动的砂质基质（如流动沙丘）上，耐旱、耐盐，多具发达的匍匐枝或根状茎，有强大的营养繁殖能力，可抵抗沙土埋没，固定流沙。如沙拐枣、梭梭等。	梭梭
芳香植物	草原上有多种野生芳香植物，如艾蒿、百里香、薄荷等。	百里香
观赏植物	草原上有很多观赏价值较高的植物，如高山杜鹃、翠雀等。	高山杜鹃
食用植物	中国的草原上有多种可食用植物，如野生沙棘、野韭等。	野韭

草原是野生动物繁衍生息的乐园。草原上的野生动物种类繁多、数量庞大，主要包括哺乳动物、爬行动物、珍稀鸟类和昆虫等。

哺乳动物

狼

草原上的野生哺乳动物资源丰富，常见的有狼、野驴、盘羊、野牦牛、兔狲等，它们是草原食物链中的重要消费者，是宝贵的基因资源。

爬行动物

旱地沙蜥

草原上常见的爬行动物有蛇和蜥蜴。它们虽然种类相对较少，但在控制草原有害生物数量方面发挥着重要作用。因此成为草原生态系统中的重要角色。

鸟　类

秃鹫

草原上的野生鸟类资源丰富，常见的有秃鹫、草原雕、鸿雁等。食植物果实的鸟可以帮助植物传播种子；食动物尸体的鸟在生态系统中扮演着重要的分解者角色；食害虫的鸟对植物的生长有益。

昆　虫

七星瓢虫

草原上的昆虫种类繁多，常见的有七星瓢虫、蝗虫、蜣螂、蚊、蝇等。昆虫是生态系统中不可或缺的角色，它们不仅可以充当其他动物的食物，还能帮助植物传粉，分解土壤中的有机物。

拓展阅读

蜣螂，号称草原上的“清道夫”，它每天的主要工作便是滚粪球，因而又被称为“屎壳郎”。草原能保持美丽和清洁，蜣螂的贡献可不小！据说，中国的蜣螂还曾被引进到澳大利亚，帮助分解澳大利亚草原上的牛粪。

蜣螂滚粪球

草原野生动植物资源对人类来说具有重要价值。众所周知，人类生活所依赖的粮食作物和家畜的祖先大部分来自草原。以草原野生动植物资源为基础发展起来的各类经济产业不仅为人们提供了就业机会，也给人们带来了巨大的经济效益。此外，草原野生动植物对于改善动植物因长期人工驯化而出现的问题具有重要作用。例如，牧民饲养的家牦牛由于长期人工养殖的原因，个头儿明显比野牦牛小，而且容易生病。后来牧民们发现，由雄性野牦牛与雌性家牦牛繁育而来的牦牛不仅成年后个头儿大，而且不易生病。

野生动植物资源是动植物基因的宝库，保护野生动植物资源不仅是保护物种多样性，更关系到人类的生存与健康发展。

草原是开发绿色能源的基地

中国草原地区矿产种类繁多，能源资源十分丰富，主要包括化石能源、风能、太阳能和生物质能源。

中国草原地区的化石能源以煤、石油、天然气等为主，这些能源主要分布在陕西、内蒙古和新疆北部。由于化石能源的使用带来了各种环境问题，并且这些能源正在日益枯竭，因此人们逐渐将注意力转向风能、太阳能、生物质能等绿色能源的开发上。

风能和太阳能是自然界存在的两大天然能源，对人类来说几乎是取之不尽的，且具有无污染、可再生、分布广的特点。中国的草原大部分位于海拔较高、风沙较多的地区，这些地区日照充足，拥有丰富的风能资源和太阳能资源。许多大型能源企业选择在草原地区建设风力发电站和太阳能发电站；草原地区的农牧民们也会在自家安装小型风力发电系统和太阳能发电系统，以解决游牧生活中用电难的问题。

牧民家中的小型风力发电和太阳能发电系统

草原上的风力发电和太阳能发电系统

虽然风能和太阳能是完全绿色无污染的，但是建设风力发电站和太阳能发电站仍然会带来一些环境污染问题。而且，目前出于技术方面的原因，风能和太阳能转化成电能的效率并不是很高。所以，想要让草原成为绿色能源的开发基地，还需要继续探索更加环保和高效的方法。

草原是开展生态旅游的胜地

随着社会经济的发展，人们的物质生活水平不断提高，精神生活方面的需求也在日益增长。近年来，中国的草原以其优美的自然风光、良好的生态环境和丰富的民俗文化，吸引了大量来自四面八方的游客前来观光度假。中国的许多草原是著名的旅游景点，如呼伦贝尔草原、锡林郭勒草原、鄂尔多斯草原、那曲草原、巴音布鲁克草原、祁连山草原和羌塘草原等。草原生态旅游已成为全国旅游观光业发展的新增长点。

草原生态旅游是一种对草原生态环境友好的旅游形式，它的魅力就在于自然风光、民俗文化和饮食都具有突出的特色。

领略草原独特的自然风光是很多人向往的事情。中国的草原类型丰富，不同类型的草原自然风光有所不同，能带给游客不同的体验。在呼伦贝尔草

巴音布鲁克草原自然风光

原，除了一望无际的碧绿，你还能见到湛蓝如洗的天空、洁白如棉花的云朵和洒满天空的星辰；在巴音布鲁克草原，雄伟圣洁的雪山，悠闲漫步的羚羊，绚丽多彩的沙丘和壮观的开都河“九曲十八弯”落日都是不容错过的美景。

草原地区有着丰富的历史文化资源，这些资源包括过往重大历史事件和重要历史人物故事，挖掘并利用好这些资源不仅能够为人们了解草原地区的历史和文化提供途径，还能为草原地区的文化产业发展注入活力。

位于金莲川草原上的元上都遗址

中国的草原见证了中华儿女开展革命的光辉历程，具有重要的历史意义和深厚的红色文化底蕴。2022 年，国家文物局、国家林业和草原局联合公布了第一批“红色草原”名单，包括山西花坡草原，内蒙古明安草原、乌拉盖草原，吉林郭尔罗斯草原，湖南南滩草原，湖南、广西南山草原，四川

松潘红军长征纪念碑园

红原草原、甘孜草原、松潘草原，甘肃红石窝草原，青海金银滩草原和新疆塔什汗草原。明安草原位于内蒙古自治区包头市达尔罕茂明安联合旗，这里是“草原英雄小姐妹”舍生忘死保护集体羊群的英勇事迹发生地。湖南南滩草原是土地革命战争时期湘鄂西、湘鄂边革命根据地的重要组成部分。当年，贺龙带领红二、红六军团多次途经南滩草原，他们在此发动群众，数百名青年参加红军，为中国革命做出了贡献。松潘草原位于四川省阿坝藏族羌族自治州，属高寒草甸类型草原，这里就是当年红军长征走过的“吃人”草地。

丰富多彩的特色民俗是草原吸引游客的又一大魅力。草原民族世代生活在草原上，创造了许多特色生活习俗和灿烂的草原文化。祭敖包、驯鹿、养驼、套马、赛马、摔跤、射箭、以奶茶待客、献哈达、敬酒……多姿多彩的民俗展现了草原人民的恭敬虔诚、勇猛智慧和热情好客。

套马

手把肉

烤酸奶

品尝地道的草原特色美食是去草原游玩的游客不会错过的体验。草原上的农牧民利用丰富的物产制作各种各样的美食，如手把肉、烤全羊、马奶酒、牛肉干、奶皮子、烤酸奶、奶豆腐等。

来到草原，与当地人一起跳热情的民族舞蹈，唱高亢的民族歌曲，观热闹的篝火舞会，吃地道的传统美食，自由自在地策马奔腾，这或许就是许多人热爱草原的理由吧！

发展草原生态旅游不但能促进草原地区的经济发展，增进各民族之间的感情，还能让更多的人了解草原，从而更加爱护草原。

探索与实践

请你查阅资料，说说草原作为新能源开发基地的利与弊，并分析如何才能更好地降低或避免新能源开发对草原造成的影响。

第三节　安居乐业草社会

草原除了具有不可估量的生态价值和巨大的经济价值，还具有重要的社会价值。中国的草原主要分布在边疆地区，这里不仅是众多少数民族的生活家园和生产基地，更是捍卫国家主权安全和领土完整的前沿阵地。草原的可持续发展关系到牧区人民的生活安定、草原民族文化的传承，更关乎民族团结、国家安全和社会稳定。

草原是众多少数民族的生活家园

人类的祖先从茂密的森林来到广阔的草原，经过漫长地适应与竞争，学会了捕猎、驯化植物和驯养动物，从而实现了生活和生产上的飞跃。可以说，草原是人类文明的发祥地之一。

中国的草原主要分布在边疆地区，众多少数民族世代在草原上繁衍生息，他们运用智慧和勤劳从草原上获取衣、食、住、行等生活必需的物质资料，草原成为他们生活的根基。

我国草原地区冬季寒冷而漫长。为更好地抵御风寒，生活在草原地区的人们通常会用动物的皮毛制作衣服、帽子和鞋子等。同时，为了便于骑马和射箭，他们喜欢穿长袍和长裤。

衣

食

草原地区的很多食物来源于畜牧业，牛肉、羊肉、牛奶、羊奶及其制品在草原民族的食物中占非常大的比重。

草原民族多以游牧为生，他们用木头和毛毡（用羊毛等碾轧成的像厚呢子或粗毯子似的东西）建造的毡包不仅能抵御风寒，而且易拆卸，非常适于“逐水草而居”的游牧生活。

住

勒勒车是草原民族过去的主要交通运输工具。“勒勒”源于牧民吆喝牲口时的声音。勒勒车的车轮是木制的，且较大，便于在草原上移动，对草地的伤害较小。

行

·信息卡·　**草原上的奶制饮品**

酥油茶： 藏族的特色茶饮。酥油是从奶中分离出的油脂。酥油茶的做法是将煮沸的茶水与酥油、盐按照一定比例混合，然后捣拌，使它们交融成乳状，再加热饮用。

奶茶： 部分草原民族一日三餐几乎都离不开的茶饮，是一种掺和着牛奶、羊奶或马奶的茶。不同的民族会在奶茶里添加不同的配料，制作出不同风味的奶茶。

马奶酒： 蒙古族的一种特色酒，是以新鲜马奶为原料酿制而成，具有驱寒的作用。

草原是众多少数民族的生产基地

俗话说："靠山吃山，靠水吃水。"草原民族世世代代生活在草原上，草原就是他们进行生产劳动的主要场所，是他们创造各种生产资料和生活资料的生产基地。在这里，草原民族放养牲畜、打草、繁育动物幼崽，通过劳动从草原上获取生活所需的物质资料。在长期的草原生产实践中，草原民族逐渐积累了协调人与牲畜、牲畜与牧草、牧草与草场之间关系的宝贵经验，创造了一套适宜草原自然环境的独特生产生活方式。例如，为防止草场退化，牧民们选择逐水草而居的生活方式。草原民族崇尚自然，他们爱护草原上的每一片草地、每一条河流和每一个动物，不乱伐灌木丛、不污染河水、不猎杀处在繁殖期的鸟兽等，他们懂得感恩自然、敬畏自然。

草原是守护祖国边疆安全的重地

我国陆地边境线长达 2.2 万千米，其中约 2/3 的边境线位于天然草原分布区。守护草原地区的边境线，需要边防战士和草原地区各族群众共同参与。

生活在边疆草原地区的少数民族群众在维护民族团结、保卫边疆的过程中发挥着重要作用。在我国边疆草原地区，少数民族群众积极加入“护边员”行列，他们与边防战士紧密合作，一起开展边境巡逻、治安防控、生态保护等活动，在边疆草原地区织起了一张维护民族团结和边疆地区社会稳定的安全网。

军警民联合巡逻守边关

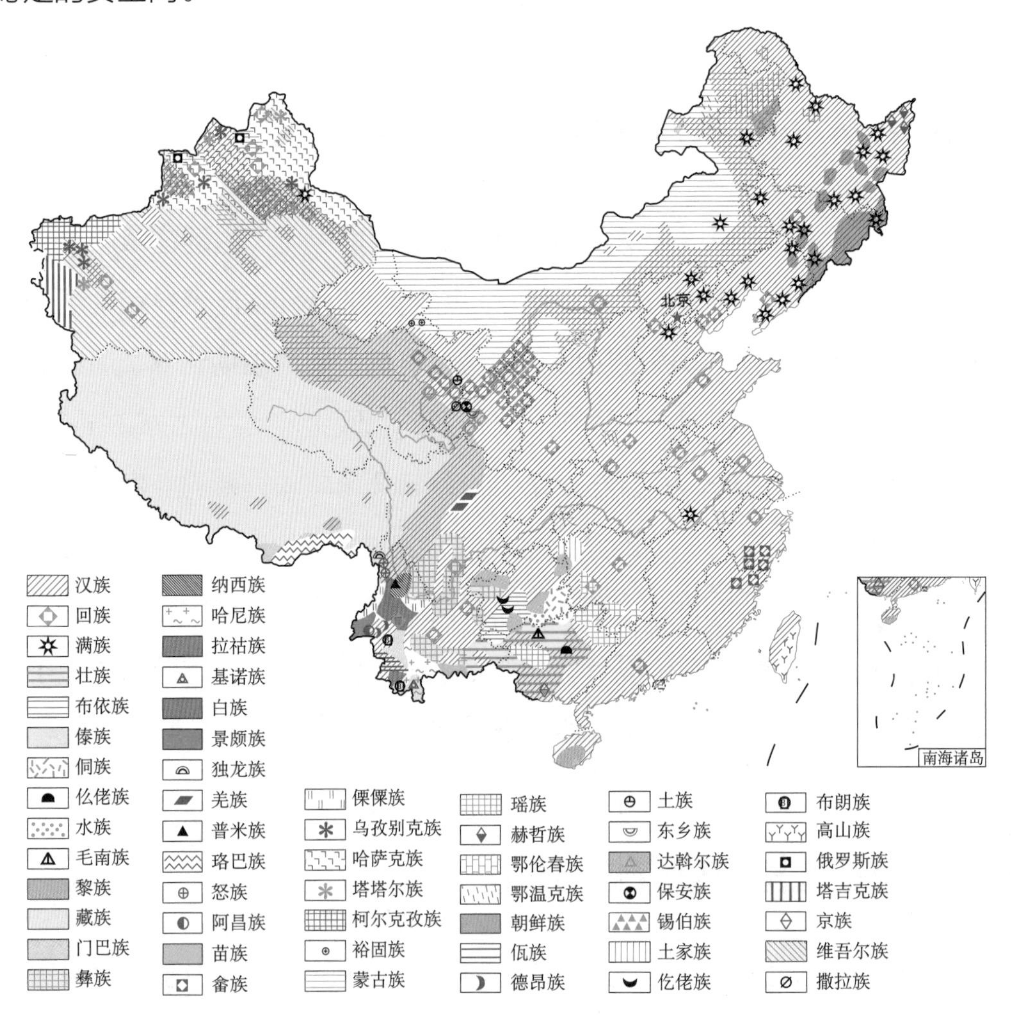

中国民族分布图

边防工作不仅需要边疆地区各族人民群众的参与，更需要当地经济的支撑。正所谓“边民富则边防固”。党的十八大以来，我国不断加大草原保护和草原修复的力度，大力推进草原牧区的基础设施建设，特别是实施草原生态保护补助奖励的惠牧政策，极大改善了草原牧区的生产生活条件，增加了农牧民的经济收入，维护了边疆地区的和谐稳定，增进了民族团结，让草原真正成为边疆地区农牧民安居乐业的家园。

草原牧区基础设施建设

草原是弘扬草原文化的载体

草原承载着灿烂的草原文化。如果没有草原，草原文化将成为无源之水，无本之木。草原文化涵盖了草原民族生产和生活的各个方面，影响着草原民族的思想观念、生活习惯和文化艺术等。在草原文化的影响下，草原民族形成了崇尚自然、英勇重义、自由乐观的民族精神和热情、豪放、淳朴的民族气质。

蒙古族传统的群众性集会——那达慕是蒙古族文化的集中体现。这个

那达慕大会

草原盛会已有 700 多年的历史，一般在每年的夏秋季节祭敖包时举行。摔跤、赛马和射箭是那达慕“男子三项”固定项目。

随着时代的变迁，古老的那达慕在传承和发展中融入了越来越多的现代元素，已由传统的少数民族体育盛会发展成为展示中华民族优秀传统文化、促进各民族交流互融、铸牢中华民族共同体意识的重要载体。

中国的草原具有“四区叠加”的特点，即生态功能区、边疆地区、少数民族聚居区和经济社会发展相对滞后区叠加。保护好草原生态环境，利用好草原资源，实现草原地区“绿水青山”向“金山银山”的价值转化，对维护边疆地区的稳定和繁荣意义重大。

·信息卡· 那达慕“男子三项”

那达慕“男子三项”是传统中蒙古族男子必会的3项技艺，与蒙古族的起源、发展有着密切的关系。

摔跤：蒙语称“搏克”，是一项力量、耐力和技巧相结合的体育运动，一般不分力量级。比赛时，双方互相抱腰对持，下肢可采用踢、绊等动作，但只限用膝关节以下部位；上肢可使用任何推拉抱揉动作，但只限于用臂部以上部位。比赛以膝盖以上任何部位着地为负。

赛马：草原民族一般被称为“马背上的民族”。骑马是草原民族最基本的技能。而赛马是在擅长骑马的基础上发展起来的一项集竞技性和观赏性于一体的传统体育运动。

射箭：起源甚早的一项体育运动。远古时期，人类为了生存，发明了弓箭，并用其进行狩猎。后来经过发展，射箭逐渐被运用到军事中。“礼、乐、射、御、书、数”，古代六艺，“射”位列其中。以娱乐、锻炼为主要目的的礼仪活动——射礼，可以说是最早的射箭比赛。

“美丽的草原我的家，风吹绿草遍地花，彩蝶纷飞百鸟儿唱，一弯碧水映晚霞，骏马好似彩云朵，牛羊好似珍珠撒……”歌曲《美丽的草原我的家》不仅唱出了草原的美，也唱出了草原民族在草原上自由、安宁、美满地生活的景象，强烈表达了草原民族对草原的热爱。在生态文明建设背景下，坚持做好草原生态保护修复工作，是使草原继续发挥好社会功能的重要保障！

茶有很多种饮用方法。除了藏族的酥油茶、蒙古族等少数民族的奶茶，你还知道哪些特色茶饮？你所在的城市有什么样的喝茶方式？

第五章 万古常青草富国

“身体是革命的本钱”，对草原来说也是如此。只有健康的草原才能发挥各种作用，实现由“碧水青草”向“金山银山”的价值转化。中国的草原正面临着诸多健康问题，这些问题在一定程度上限制了草原生态系统的功能。随着人们对草原生态的现状越来越重视，对草原保护和修复工作不断加强，以及对草业现代化发展的探索不断加深，中国广袤的草原必将发挥出巨大潜力。

第一节　了如指掌草健康

草原是一个“活的有机体”，也有新陈代谢和“生老病死”。草原健康会影响草原生态系统的平衡，进而影响到草原上的各种生物，并且影响人们对草原资源的可持续利用。为了解草原的健康状况，草原工作者需要对草原进行调查、监测与健康评价。

什么是草原调查、监测与健康评价？

草原调查相当于对草原进行“体检”，是为了收集草原的生态状况、利用状况等方面的本底资料，提高草原精细化管理水平，调查内容包括草原的类型、面积、植被情况、利用情况等，强调掌握草原实地、实时的信息。

草原监测相当于对草原进行“健康监测”，是为了获得草原在时间上的变化状况和在空间上的变动，包括气候、人为等因素对草原状况的影响，并预测草原未来发展演化的趋势，强调掌握草原在一段时间内的发展变化信息。

草原健康评价相当于对草原进行“健康评估”，是在草原调查与监测的基础上，按照一定的方法和标准对草原生态系统中的生物和非生物结构的完整性、生态过程的平衡及可持续程度进行评估，便于人们掌握草地的健康状况及生产能力。

草原调查怎么进行？

草原调查广泛应用于草原的生产、生态保护、灾害防治等各方面工作。

草原调查有一定的工作流程，并且需要在合适的时间通过相应的调查方法展开具体调查。我国现阶段的草原调查通常采用传统的地面调查和先进的遥感调查两种方式，二者相辅相成。传统地面调查即人工调查，主要依靠调查人员进行实地调查。遥感调查依托于现代遥感技术的发展，常借助卫星、无人机开展。传统地面调查是我国自开展草原调查以来最主要的草原调查技术手段之一，其以样地调查法和样方调查法为主，通过样方获取样地基本信息，以了解草原整体状况。

在制订好草原调查的工作方案后，草原调查者需要按照收集资料、实地调查、询问交流和分析统计等工作流程开展草原调查工作。收集资料是指调查者需要收集有关该草原的气候、植被、水文、人口、土地利用现状等基础图文资料，以便对该草原有大概了解。实地调查是指调查者在确定好的具体的调查区域后，利用专业的工具和调查方法，收集调查区域内的生物多样性、土壤、水文和气候等数据。由于人类活动对草原的影响很大，因此，草原调查者需要通过询问当地人了解草原生产、利用的特点，内容包括牧草的适口性、草场的利用方式、放牧方法、放牧技术、割草方法等，以便能更好地了解草原。分析统计是指对调查、测定数据进行整理，包括汇总分析调查表格和调查资料，绘制图件，编写调查报告等。

选择合适的调查时间开展草原调查是非常必要的，这有利于保障草原调查结果的准确性和实用性。比如，在进行草原生物量调查时，调查时间需要选择在草原生物量的高峰期，即生物的生长旺季。由于我国草原分布范围广，气候条件等因素的差异会导致不同草原的生物量高峰期出现的时间并不一致。例如，北方的草原的生物量高峰期一般在 7 ~ 8 月，这一时期，很多牧草和其他植物处于盛花期，有利于调查者辨别和鉴定植物。

此外，草原调查可以按照不同的空间尺度和调查精细程度分为概查、普查和详查 3 种。草原概查是在全国、大区或省（自治区、直辖市）范围内进行的粗略调查；草原普查是以地区或县（自治县、县级市）为单位进行的

处于盛花期的草原

较细致的调查；草原详查是以县（自治县、县级市）或更小的区域为单位进行的最细致的调查。并且3种空间尺度下的调查比例尺也不同。草原概查的调查比例尺通常小于1：100万，草原普查的调查比例尺一般在1：50万到1：10万之间，草原详查的调查比例尺在1：10万以上。

什么是样地调查法和样方调查法？

样地调查法是指在具有重大生态意义的草原关键区域、重点草原类型分布区、鼠虫病害的常发地和草原保护与建设工程区域内外，选择有代表性的典型地段设立长期定位观测样地，并周期性地进行样方测定。样地调查法只需要选择较少的样点，但是采样频率比较高，能反映草原典型区域的时间动态变化。我国设立的草原调查样地有内蒙古草原生态系统定位研究站的草原生态系统科研样地、海北高寒草甸生态系统定位研究站的高寒草地生态系统科研样地等。

样方调查法就是以样方为样本，来研究整个区域的方法。样方是人们在调查草原植物群落组成特征时，随机设置的最小取样单位。为便于操作，人们通常会把草原取样形状设置成正方形或长方形。

草原调查者采用样方调查法进行草原调查

在草原调查中，一个样方的实际情况往往不能代表整片草原的实际情况。所以，调查者需要根据实际情况设置多个样方并进行调查。根据统计规律，样方设置得越多、越大，调查结果越准确，越能体现整体情况。但在实际调查中，样方越多、越大，调查需消耗的人力、物力和时间等成本也会越高。所以，为了降低调查成本，同时为了保证调查结果的准确性，调查者经过衡量，会先确定较合适的样方面积和数量，然后开展调查。对典型草原进行实地调查时，样方面积通常为 1 平方米；对高寒草原进行实地调查时，样方面积通常为 0.25 平方米；对荒漠草原进行实地调查时，样方面积通常可设置为 4 平方米。草原样方调查的内容包括测定草原植物群落的盖度、植物种类、产草量、鼠虫密度等。

什么是路线调查?

草原调查有时也会用到路线调查法，该方法是根据调查需要，结合调查目的，选择适宜的调查路线，对草原的整体状况进行快速调查的一种方法。其特点是选择随机性强，不具备典型性和代表性。采用路线调查法开展草原调查通常也需要设置样方。在20世纪50年代，我国的草原调查多以路线调查法为主，现在已经较少使用该方法。

草原监测怎么进行?

草原监测通常要利用空间遥感和地面监测手段，并结合计算机网络、地理信息系统等数据管理、运算和分析技术。草原监测的流程大致为采集目标区域的遥感图像—生成基础数据或底图—再次获取目标区域的遥感图像—对比分析图像中发生变化的区域—结合地面监测数据得出草原的现实状况和动态。

草原监测的频率需要根据监测的目的及草原环境的复杂程度进行设置。根据监测的时间尺度可分为三种，即监测周期（两次监测的时间间隔）小于1年的小时间尺度监测、监测周期为1～5年的中时间尺度监测和监测周期大于5年的大时间尺度监测。例如，在进行草原火情监测时，监测周期通常小于1天，为小时间尺度监测。目前，利用遥感卫星监测火情，可实现每30分钟一次的全国范围内监测。当需要了解草原或草原动植物等的季节性动态或年际变化时，需要进行中时间尺度监测。草原类型和草原面积的监测适合采用大时间尺度监测，因为它们的改变是由于草原植物群落的演替所造成的，而这往往需要历经很多年的时间。

一般来说，对于需要长期监测的草原，每年进行一次监测是比较合适的。如果发现草原的健康状况不太稳定，那么就需要在一段时间内对其进行

持续监测，以便预测一些潜在风险，并为采取预防措施或制订治理方案做好准备。如果草原的自然条件变化较快或者监测目的特别重要，那么草原监测就会更频繁。

什么是“星—空—地”立体监测?

“星—空—地”立体监测中的“星”指的是卫星，“空”指的是无人机，“地”指的是地面上的监测站或监测仪器。卫星和无人机可以利用遥感技术进行草原监测。遥感技术就像一双“千里眼”，可以远距离“查看”草原的情况：草原上有多少牲畜？草原上的植物生长得怎么样？草地裸露情况如何？哪片草原发生了火灾？草原上任何的风吹草动都会被“千里眼”一一记录下来，形成观测数据。除了天上的卫星和无人机，地面的气象监测站、土壤监测站、水文监测站等在草原监测工作中也发挥着重要作用。

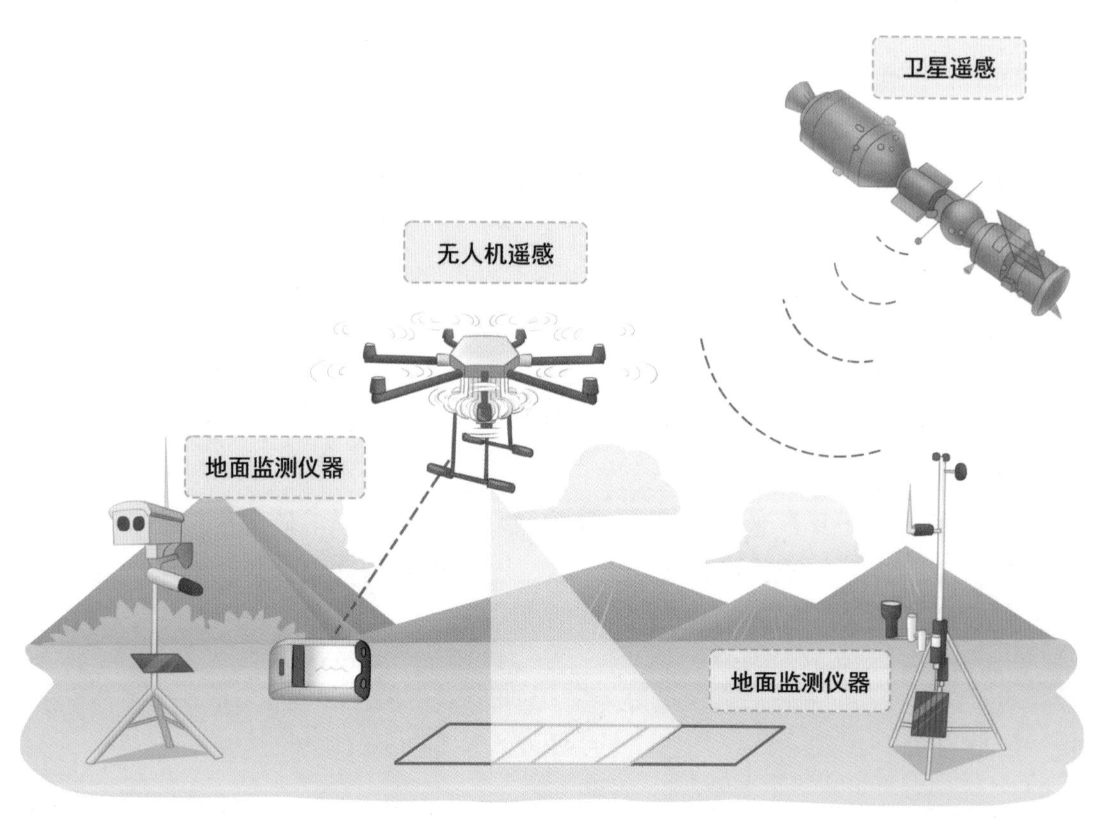

“星—空—地”立体监测示意图

草原的健康状况如何评价？

与人体健康评价一样，草原健康状况的评价也有相应标准和方法。根据我国现行的《草原健康状况评价》（GBT21439-2008）国家标准，草原健康状况需按相应指标分别对草原土壤的稳定性、水文功能和生物完整性进行评价。例如，土壤有机质是评价土壤稳定性的指标之一，在用特定方法测定草原表层土壤（0 ~ 20cm）的有机质含量后，草原土壤的稳定性可被分为 5 个级别，并分别用 1、2、3、4、5 数值予以评分，评分越高，说明草原土壤的稳定性在该项指标上的健康状况越好。

在综合评价草原的各项“健康指标”后，即可对草原的健康状况进行评分。《草原健康状况评价》国家标准将草原的健康状况分为极好、好、中等、差和极差 5 个等级。

传统的地面调查与各种先进的监测技术相结合，搭建起一张巨大的草原调查监测网，让草原调查与监测变得更方便、更科学，有助于草原工作者及时、准确地掌握草原的健康状况。面对处于变化中的草原生态环境，中国的草原工作者们居安思危、迎难而上，致力于草原生态保护和修复，维护草原健康。

探索与实践

在小区、公园和郊野这 3 处场所各找一块草地，然后用 4 根 1 米长的线在草地上围出一个正方形，这样就得到了 3 个不同的 1 平方米大小的样方。接下来，请你统计样方里植物的种类和数量，比较 3 个样方中的植物有什么不同。你觉得野生动物更喜欢哪种草地环境？为什么？

第二节　因地制宜草治理

通过草原调查与监测，人们不仅掌握了草原的健康状况，也基本厘清了不同地区影响草原健康状况的现实原因。对处于不同程度退化状态的草原，人们一方面采取合理放牧或禁牧的措施；另一方面根据不同草原的特点，有针对性地探索并实施施肥、人工种草、有害生物防治等措施，希望能够让草原再次焕发生机。

什么是草原退化？

“美丽的草原我的家，风吹绿草遍地花……”这是歌曲中描绘的草原，青草摇曳，遍地生花。但在实际中，有的草原草木稀疏，沙土裸露，优良牧草在这里难以生长，毒杂草反而成为优势，草原单位面积产草量下降，这种现象我们称之为草原退化。

生机勃勃的草原

昔日的草原退化成戈壁滩

我们常说“野火烧不尽，春风吹又生”，草的生命力如此顽强，退化的草原难道不会在来年春天重新长出茂盛的草吗?

草原退化与土壤质量有着密不可分的关系。若土壤结构良好，保肥保水能力强，盐碱度适宜，透气性好，微生物丰富，没有受毒害物质污染等，这样的土壤中会存活着大量植物的种子和根状茎等，所以才会有“野火烧不尽，春风吹又生”的生机。草在依靠土壤生长的同时，也在保护土壤。正所谓：“皮之不存，毛将焉附?”草原一旦发生退化，土壤也会发生退化，且退化程度越重，修复难度越大，危害也越大。

我国幅员辽阔，气候类型多样，草原类型丰富，草原退化类型也是五花八门。归纳起来，我国草原退化类型主要包括黑土滩型退化、盐渍型退化、荒漠型退化和鼠害型退化。

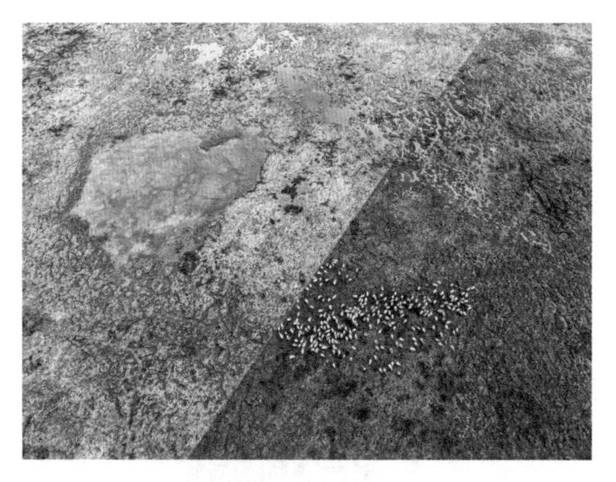

黑土滩型退化

盐渍型退化

荒漠型退化

鼠害型退化

青海牧区是我国六大牧区之一，这里的黑土滩型退化草地的面积大约占青海省草地总面积的 15%，已严重威胁牧民生产。中国西北干旱地区的草原容易发生荒漠型退化和盐渍型退化。其中，盐渍型退化草地在绿洲边缘、河湖周边最多。鼠害型退化则在各类草场中广泛存在，可以说是危害最严重的草场退化类型。黑土滩型退化、盐渍型退化、荒漠型退化和鼠害型退化交错组合出现，极大地影响了我国草原的健康。

·信息卡· **毒杂草的危害**

草原上的毒杂草是一些对人和动物的健康有不利影响或没有饲用价值的草本植物。数量适宜的毒杂草对维护草原健康和维持草原生态平衡是有益的。但是，当草原处于退化状态时，优质牧草因被过度啃食而难以在较短时间内恢复，毒杂草就会成为草原上的优势植物，甚至将牧草取而代之，成为草原的"主人"。毒杂草往往色彩鲜艳，它们将草原装扮得美丽缤纷。我国黄河源区最常见的、危害很大的毒杂草为黄帚橐吾和甘肃马先蒿这两种非常美丽的草本植物。

黄帚橐吾

有的毒杂草，其种子和根的繁殖能力非常强；有的毒杂草会通过释放化学物质抑制牧草的生长。毒杂草一旦成为草原上的优势种，就会不断扩张自己的地盘，与其他植物争夺阳光、水分和养分等，最终导致草原上的牧草因生长不良而大片枯死，进而引起植物群落改变，草地质量下降。

甘肃马先蒿

治理毒杂草非常困难。面对这个复杂难题，我国各级政府高度重视，在细致研究毒杂草的生物学、生态学机理后，制定出了化学药物防治和机械收割等有效对策。

草原退化的主要原因有哪些?

自然灾害和过度放牧是导致草原退化的两大主要原因。

极端干旱、极端高温、极端低温冻害等气象灾害和生物灾害等都会给草原带来严重威胁。为避免自然灾害对草原造成严重破坏，人们通过多种手段监测自然灾害信号并不断加强应对灾害的能力。

过度放牧即草地上放牧牲畜数量过多、频率过高，以致超出草原生态系统调节能力的行为。一方面，牲畜对牧草的过度啃食使牧草难以在较短时间内达到正常长势，草原的植被覆盖率就会降低。这样，草原土壤会暴露在日晒和风蚀中，遭受侵蚀，从而引发土壤退化，进而导致草原退化。另一方面，过多的牲畜排泄物和牲畜的蹄子对草原的高强度踩踏使土壤的透水性和透气性变差，进而导致土壤板结和植物根系缺氧。这样，土壤的生产力会降低，草原的产草量会下降，草原面临退化威胁。

监测草原放牧强度需要依靠先进的监测技术。“星—空—地”立体监测系统在草原放牧强度监测中可发挥重要作用。人们可利用“星—空—地”立体监测系统收集数据，然后通过数据分析估算放牧强度，为确定合理载畜量提供依据。

·信息卡·

载畜量与羊单位

载畜量亦称“载牧量”，指在一定的放牧时期内，单位草地面积上容纳放牧家畜的数量。它代表了草地的生产能力，也能够反映草原的健康状况。

载畜量由家畜头数、放牧时间和草地面积 3 项要素构成。因此，载畜量有 3 种表示方法，即家畜单位法、时间单位法和草地单位法。其中，家畜单位法是最常用的载畜量表示方法。

家畜单位法，即衡量一定面积的草地上，一年内能放养成年牲畜的头数的方法。为便于统计，在使用家畜单位法计算载畜量时，可根据家畜对饲料的消耗量，将各种家畜折算成标准家畜并进行计算。国际上通常采用“牛单位”作为标准家畜，也有一些国家和地区采用“羊单位”。我国就采用“羊单位”作为标准家畜。《天然草地合理载畜量的计算》（NY/T 635–2015）中规定，“羊单位”是 1 只体重 45 千克、日消耗 1.8 千克标准干草的成年绵羊，或与此相当的其他家畜（其他家畜可以换算成羊单位，如 1 头成年牛等于 5 个羊单位，一头成年驴等于 3 个羊单位）。

通过使用家畜单位法，我们可以更准确地评估草地的载畜能力，从而合理地安排家畜的饲养数量。

草原上的草虽然在不断生长，但在一定时间内可供牲畜啃食的量是有限的。如果放牧的牲畜太多，放牧频率太高，放牧强度超出了草原承载力，就很可能引发草原退化；如果放牧强度适中，草地既可以得到充分利用，也能维持较好的生产能力。

如何让退化的草原恢复生机？

让退化的草原重新焕发生机的关键在于减轻放牧强度，让草地逐步自我修复。合理放牧、封育管理、围封禁牧是修复退化草原的必要措施。尤其对于轻度或中度退化的草原，它们还有一定的自我修复能力，只要没有遭受更加严重的破坏，都能通过一段时间的自我修复得到基本恢复。而对于退化严重的草原来说，只是单纯地控制放牧强度，甚至实施围封禁牧，最终也不一定能达到良好效果。这时，就需要人工干预。

对于不同地区、不同退化程度的草原，在给予修复时，需要细致分析引起草原退化的现实因素，找出问题症结所在，然后有针对性地提出措施，这样才能遏制草原退化势头，实现恢复草原生机的目标。

内蒙古自治区锡林浩特市的草原牧区土地沙化严重。面对当地风大、土壤松散且贫瘠的现实问题，草原建设者设置沙障、铺设草帘、施有机肥，因地制宜采取治理措施，效果显著。

沙障和草帘防风固沙示意图

位于祁连山脚下的山丹马场是一个拥有 2000 多年历史的古老马场。曾经，气候变迁、超载放牧等原因使山丹马场及周边地区的生态环境遭受重创。为恢复生态环境，山丹马场投入大量的人力、物力和财力开展生态修复工作——实施减畜禁牧措施，建设草原围栏和人工饲草地，防治病虫鼠害，治理毒杂草，一系列措施得到有效落实后，山丹马场重现群马奔旷野、芳草碧连天的优美景象。

青海省的黑土滩属于重度退化型草地，这里土地裸露、鼠害肆虐，草地自我修复困难。当地在采取禁牧措施的同时，一边加紧人工改良土壤并补播草种，一边开展有害生物大面积防治。经过治理，如今的黑土滩迎来了重生的希望，慢慢长出了新草。

山丹马场的马群

此外，在适合人工种草的区域，草原建设者们还在尝试运用各种技术，构建起与当地牧草种类不同的人工草本植物群落，配合实施一系列草地管理措施，以获取稳产、高产、饲草料优质的草地，解决当地牧草不足的问题。在青藏高原，科学家们不断尝试播种能够帮助土壤获得氮肥的各种豆科植物，以更加绿色生态的方式尽力恢复植被，为解决高寒草地退化问题寻找可行途径。

随着近几年我国草原生态保护与修复工作的不断加强，相信未来中国将有更多的草原青碧连天。

草原退化严重威胁野生动植物的生存，也会给人类社会带来很大影响。维护草原健康，你认为自己能做哪些力所能及的事？

第三节　和谐共生草兴盛

人与自然的辩证关系是人类发展的永恒主题。人类发展活动必须尊重自然、顺应自然，否则就会遭到大自然的惩罚，这个规律谁也无法抗拒。

草原是构成“山水林田湖草沙”生命共同体的重要组成部分，也是我国进行生态文明建设的主战场。草原生态建设事关我国生态文明建设大局。党的十八大以来，在党中央的坚强领导下，各地不断强化草原保护修复工作，目前已取得显著成效，初步遏制了草原总体退化趋势，部分地区草原生态状况明显好转。

中国是一个草原资源大国。第三次全国国土调查结果显示，中国草地面积为 26453.01 万公顷。其中，天然牧草地 21317.21 万公顷，占全国草地总面积的 80.59%；人工牧草地 58.06 万公顷，占全国草地总面积的 0.22%；其他草地 5077.74 万公顷，占全国草地总面积的 19.19%。

如何做好草地资源管理？

第一，确定合理载畜量。合理载畜量是指一定的草地面积，在某一利用时段内，在适度放牧（或割草）利用并维持草地可持续生产的前提下，满足家畜正常生长、繁殖、生产的需要，所能承载的最多家畜数量。

草地合理载畜量可通过计算获得。一般包括不同利用时期草地合理载畜量的计算和区域草地全年总合理载畜量的计算。其中，不同利用时期草地合理载畜量的计算方法包括合理载畜量的家畜单位计算和合理载畜量的面积单位计算。

我国草原法明确规定，草原承包经营者应当合理利用草原，不得超过草原行政主管部门核定的载畜量。

第二，均衡利用草原。牧民可以根据草场的生产情况确定最佳放牧期。如何确定最佳放牧期呢？确定最佳放牧期应综合考虑牧草的生长季节、长势等。放牧时间过早或过晚都会对草场的生产产生不利影响。

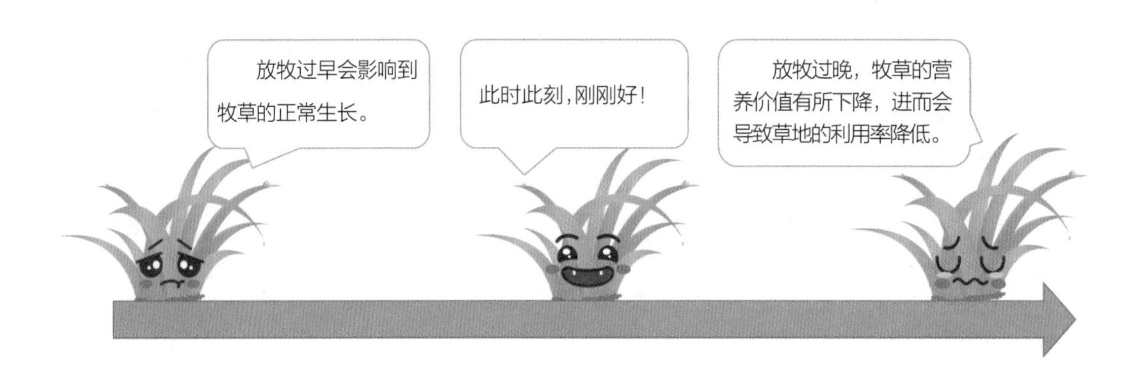

即使是同一个牧区，不同的区域，由于气候、土壤、地形和海拔高度等的不同，所形成的植被类型也有所不同。这种条件下，采用划区轮牧的放牧方式，既能提高草地利用率，又能防止过度放牧。划区轮牧是根据草原的实际生产情况将草原划分为若干放牧单元，然后将每个放牧单元分成若干分区，接着制订放牧计划，包括放牧时间、放牧强度、轮牧顺序、轮牧周期、轮牧分区等内容，再按计划循环放牧。划区轮牧能给予牧草恢复生长的机会，使牲畜在全放牧期内能吃到品质优良的青绿饲料。

在加强草原生态环境保护的大背景下，均衡利用草原还需做到合理配置畜群。蒙古族人常说，“五畜”比例均衡，才能保持草原的健康兴旺。不同的牲畜，其生理结构、生长发育特点和采食习性都不同。在放牧过程中，合理设置畜种结构并进行妥善有效的管理，既能使不同的牲畜健康成长，也能提高草地资源利用率，并且对草原生态系统的正常运转具有重要意义。

牛羊一起吃草

什么是草原自然保护区？

自然保护区是国家用法律形式确定的长期保护和基本上任其自然变化的自然生态系统和自然景观地域。自然保护区是物种的天然“基因库”，是保护、研究野生生物资源，拯救濒危物种，保护自然历史遗迹的场所，能提供生态系统的天然“本底”，保护生物多样性。

《中华人民共和国草原法》第四十三条规定，国务院草原行政主管部门或者省、自治区、直辖市人民政府可以按照自然保护区管理的有关规定在具有代表性的草原类型的地区、珍稀濒危野生动植物分布区和具有重要生态功能和经济科研价值的草原建立草原自然保护区。中国第一个草原自然保护区是于 1982 年设立的宁夏云雾山国家级自然保护区。

随着生态文明建设的不断推进，近年来，我国提出建立以国家公园为主体的自然保护地体系。2020 年，国家林业和草原局公布了“内蒙古敕勒川国家草原自然公园”等 39 处全国首批国家草原自然公园试点建设名单，标志着中国国家草原自然公园建设正式开启。

内蒙古敕勒川国家草原自然公园风光

·信息卡· **自然保护地体系**

《中华人民共和国国民经济和社会发展第十四个五年规划和 2035 年远景目标纲要》指出，自然保护地体系是指将自然保护地按生态价值和保护强度高低，依次分为国家公园、自然保护区、自然公园 3 类，形成以国家公园为主体、自然保护区为基础、各类自然公园为补充的体系。

依法保护草原，共建美丽中国

为保护、建设和合理利用草原，改善草原生态环境，维护生物多样性，发展现代畜牧业，促进草原地区经济和社会的可持续发展，我国于 1985 年

通过了《中华人民共和国草原法》，并于 2021 年进行了第 3 次修订。该部法律在草原权属、规划、建设、利用、保护、监督检查和法律责任等多个方面做出了详细规定，为依法保护草原提供了法律依据。

每年的 6 月是国家林业和草原局确定的草原普法宣传活动月。开展草原普法宣传月活动旨在通过宣传草原法律法规及相关草原保护修复政策，大力营造全社会关注、关爱草原和依法保护草原的氛围，增强全社会关心、关爱草原事业和依法保护草原的意识，推动草原保护修复和高质量发展。

随着我国草原资源科学利用水平稳步提高，草原保护修复科技支撑能力不断增强，草原总体生态状况持续向好，生态服务功能显著提升，碧草连天的大草原必将成为我国生态文明建设的一道亮丽风景。

探索与实践

学唱《小草》这首歌曲，并说说你读完本书后对草的认识。